우주에서
시간이
사라지다

우주의 비밀 1

우주에서 시간이 사라지다

김군찬 · 김영희 지음

KM 경문사

우주의 비밀 1

우주에서 시간이 사라지다

지은이 김군찬·김영희
펴낸이 조경희
펴낸곳 경문사
펴낸날 2016년 8월 20일   1판 1쇄
등 록 1979년 11월 9일   제313-1979-23호
주 소 04057, 서울특별시 마포구 와우산로 174
전 화 (02)332-2004   팩스 (02)336-5193
이메일 kyungmoon@kyungmoon.com
 facebook.com/kyungmoonsa

값 14,000원

ISBN 978-89-6105-067-8

★ 경문사 홈페이지에 오시면 즐거운 일이 생깁니다.
  http://www.kyungmoon.com

한국과학기술출판협회 회원사

α

우주의 본질을 밝히는 첫 번째 황금 열쇠

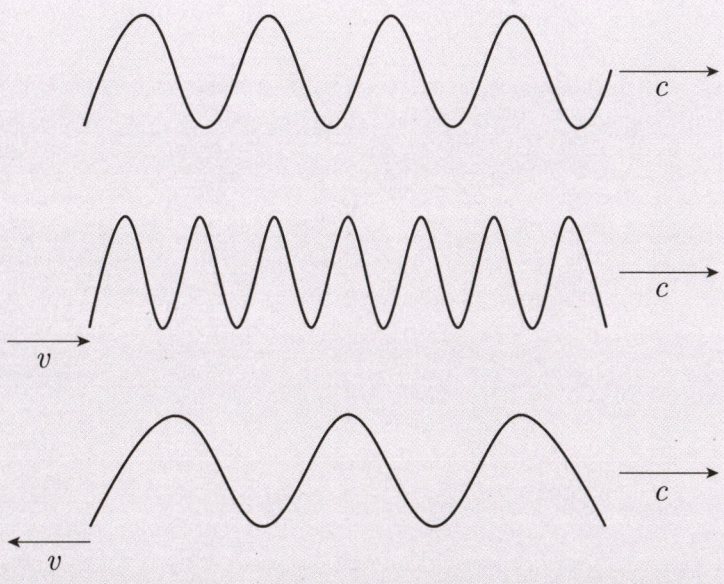

이 책을 시작하며

고민하지 말고 우주여행을 하라!

상상만 하던 우주여행이 곧 현실로 다가온다. 얼마 안 있으면 우주여행의 시대가 누구에게나 활짝 열린다! 우주여행은 꿈에 그리던, 인생에 한 번쯤은 하고 싶은 여행이지만 한편으로 걱정과 두려움이 앞선다. 우주여행을 해야 하나, 하지 말아야 하나…. 비용의 문제가 아니다. 여행 도중 일어날 수 있는 사고의 문제도 아니다.

크리스토퍼 놀란 감독이 만든 영화 〈인터스텔라〉가 2014년 11월 6일 개봉되었다. 한국에서는 1000만 명 이상이 이 영화를 관람했다. 저자 역시 영화가 개봉되자마자 영화관으로 곧장 달려갔다. 이미 짐작은 하고 있었지만 이 영화에서 시간과 중력을 어떻게 묘사하는지 궁금해서였다.

이 영화는 환경파괴와 산업문명의 쇠퇴로 황폐해져 더 이상 생명체가 살아갈 수 없는 지구를 떠나, 인간이 살 수 있는 새로운 행성을 개척하는 우주탐험 이야기이다. 영화 속에는 빠른 속도와 강한 중력에 의한 시간 지연 현상, 공간의 휨, 블랙홀, 5차원 공간 등에 대한 표현과 내용이 등장한다. 특히, 매우 강한 중력이 존재하는 블랙홀 근처에서의 1시간을 지구 시간으로는 7년으로 나타냈다. 즉, 주인공 쿠퍼가 중력이 강한 우주의 블랙홀 근처에서 겨우 1시간 머

무는 동안 지구에서는 무려 7년이라는 긴 세월이 지나간 것이다.

광활한 우주로의 실제적인 탐험! 비록 〈인터스텔라〉처럼 황폐해진 지구를 버리고 인간이 살아갈 수 있는 새로운 행성을 개척하기 위해서가 아니더라도 상상만 하던 우주여행은 곧 현실이 될 것이다. 머지 않아 우주여행의 시대가 누구에게나 활짝 열린다! 우주여행은 꿈에 그리던, 일생에 한번쯤은 하고 싶은 여행이지만 한편으로 걱정과 두려움이 앞선다. 우주여행을 해야 하나, 하지 말아야 하나…. 아인슈타인의 특수 상대성 이론에 의하면 매우 **빠른** 속도로 달리는 사람의 시간은 정지해 있는 사람의 시간보다 천천히 흐른다고 한다. 일반 상대성 이론에 의하면 강한 중력이 있는 장소는 중력이 약한 장소보다 시간이 천천히 흐른다고 한다. 이를 '시간 지연 효과' 또는 '시간 지연 현상'이라고 한다.

이 이론들이 사실이라면, 만약 독자가 매우 **빠른** 속도로 움직이는 우주선을 타고 1년 동안 우주여행을 했는데, 도중에 중력이 강한 곳을 지나치거나 그곳에 잠시 머물렀다면, 지구로 돌아왔을 때 돌이킬 수 없는 비극이 시작된다. 〈인터스텔라〉에서처럼 우주여행을 한 독자는 젊은 모습 그대로인데 독자의 부모는 나이가 들어 이미 사망했거나, 자신의 어여쁜 어린 딸이나 사랑하는 연인은 쪼글쪼글한 모습의 할머니나 할아버지가 되어 있거나, 가족 모두가 이미 죽고 없는 황당하고 슬픈 일이 일어날 수 있기 때문이다. 만약 이런 상황이 일어난다면, 우주여행을 한들 무슨 의미가 있겠는가? 독자는 진정 이런 걸 바라지 않을 것이다. 독자는 여행에서 돌아와 우주에서 체험하고 목격한 신기한 현상, 우주에서 느낀 기쁨과 환희를 소중한 가족들과 함께 나누고 싶을 것이다. 우주의 경이롭고 신비스러운 현상에 대하여 설명도 해주고 자랑도 해가며….

물론 매우 빠른 속도로 달릴 때 시간이 천천히 흘러 늙지 않는다면 "얼씨구 좋구나!" 하며 이를 누구보다도 반기는 사람도 있을 것이다. 이 책은 어떤 사람에게는 기쁨을 주고, 어떤 사람에게는 실망을 안겨주게 될 것이다. 우주여행을 하고 지구로 돌아오는 사람에게는 큰 기쁨을 주겠지만, 좋은 음식과 운동, 긍정적인 생각과 웃음을 통해서 젊어지기를 원하지 않고 빨리 움직임으로써, 중력이 강한 블랙홀 같은 곳에 빠져 한 방에 젊어지기를 원하는 사람에게는 실망을 안겨줄 것이다.

왜냐하면 빨리 움직인다고 시간이 천천히 흐르지 않고, 중력이 강한 장소라고 해서 시간이 천천히 흐르지 않기 때문이다!

이 우주에 만약 시간이 있다면 우주의 어디에서든 시간은 일정하게, 균일하게 흐를 것이다. 1년 동안 매우 빠른 속도로 우주여행을 하고 지구로 돌아오더라도, 혹시 우주여행을 하는 도중 강력한 힘으로 모든 것을 집어삼키고 빛조차 빠져나오지 못하게 하는 그 무시무시한 블랙홀을 옆에서 오랜 시간 동안 서서 구경했다 하더라도, 지구에 남아 있던 연인과 가족들은 똑같이 한 살을 더 먹었을 뿐이다. 우주에 있는 사람과 같은 속도로 나이가 들 것이다. 그러니 고민하지 말고 기쁜 마음으로 우주여행을 떠나 홀가분한 마음으로 블랙홀을 구경하고(다만 블랙홀 속으로 빨려 들어가지 않도록 조심하고) 지구로 돌아오면 된다.

아인슈타인은 빠르게 움직이는 물체로부터 어떻게 시간 지연 효과를 유도해냈을까? 그것은 우리가 잘 아는 빛의 속도와 관련이 있다. 빛! 참 특이한 성질을 가진 신비스러운 존재다. 질량은 0인데 이 세상에서 가장 빠르다. 입자처럼 돌진하기도 하고 파동처럼 덩실덩실 춤추며 나아가기도 한다. 광원과 관측자가 어떤 운동 상태에 있든 측정되는 속도는 일정하다. 항상 똑같다.

땅 위에 서 있는 사람이 하늘을 가로지르는 빛의 속도를 측정하면 초속 30만 킬로미터로 주어진다. 그런데 땅 위에 서 있는 사람이 초속 20킬로미터로, 아니 초속 20만 킬로미터로 움직이는 우주선에서 발사된 빛의 속도를 재더라도 초속 30만 킬로미터로 나온다. 더욱 희한한 것은 빛과 우주선이 같은 방향으로 나란히 달릴 때 초속 20만 킬로미터로 움직이는 우주선 안에 타고 있는 우주비행사가 빛의 속도를 재더라도 초속 30만 킬로미터로 측정된다는 사실이다.

이상하게도 관측자가 어떤 속도로 움직이고 있든, 빛을 내는 광원이 어떤 운동 상태에 있든, 빛의 속도는 항상 일정하게 초속 30만 킬로미터로 측정된다. 이를 '광속도 불변의 원리' 또는 '광속도 일정성의 원리'라고 말하는데 광속이 이렇게 일정한 이유가 뭘까? 왜 빛은 누가 보아도 똑같은 속도로 달릴까? 이 질문에 대해 누구도 정확한 답변을 하지 못했다. 특수 상대성 이론을 정립한 아인슈타인도 그 이유를 잘 몰랐다.

1905년에 아인슈타인은 '광속도 불변의 원리'를 하나의 공리로 받아들이고 이를 전제로 하여 특수 상대성 이론을 정립하고 발표하였다. 특수 상대성 이론의 핵심은 움직이는 물체의 시간은 정지해 있는 물체의 시간에 비해 천천히 흐른다는 '시간 지연 현상'이다. 이를테면, 위에서 언급한 것과 같이, "우주선을 타고 매우 빠른 속도로 우주여행을 하는 사람은 지구에 있는 사람보다 나이를 천천히 먹어 더 젊어진다."라는 것이다.

아인슈타인은 움직이는 물체의 시간 지연 효과를 유도하기 위하여 빛을 이용한 '사고 실험'을 하였다. 사고 실험이란 실험실에서 실제로 도구나 장비, 빛을 가지고 실험을 하는 것이 아니라 생각만 하는 이론적인 실험을 말한다.

이 책의 첫 번째 목표는 사고 실험에 치명적인 오류가 있음을 지적하고 움직이는 물체에 시간 지연 현상이 일어나지 않음을 밝히는 것이다. 즉, 17세기에 만유인력 법칙을 발견한 뉴턴이 주장했듯이, 만약 시간이 존재한다면, 우주 안의 시간은 관측자에 따라 다르게 측정되는 것이 아니라 절대적이라는 것을 보이고자 한다. 구체적으로 어떻게 사고 실험을 했는지, 시간 지연 효과는 어떻게 유도되었는지, 그 치명적인 오류란 무엇인지, 무엇을 잘못 생각했는지 살펴보고자 한다. 궁극적으로는 시간의 본질에 대한 견해를 밝히고자 한다. 이 책을 읽고 나면 우리의 삶 속에 깊숙이 들어와 있는 '시간'이 우주에 실재하지 않는다는 사실을 알게 될 것이다.

두 번째 목표는 우리가 잘 모르는 빛이 가진 신비스러운 성질을 명확히 밝히는 것이다. 즉, 어느 누가 측정하더라도 빛의 속도가 항상 똑같이 주어지는 광속도의 일정성에 대한 근본적인 이유를 독자들과 함께 나누고자 한다. 그 근본적인 이유는 움직이는 물체의 시간 지연과 전혀 상관이 없으며 오직 빛의 파장의 변화와 밀접한 관련이 있다는 것이다.

이 책을 통해 빛의 특이한 성질을 이해하면 우리가 잘못 알고 있는 것이 바로잡히고, 직관에 상충되는 현상이 일어나는 이유를 알 수 있다. 특히, 별을 관측할 때 지구의 움직임 때문에 별의 위치가 실제 위치보다 조금 다르게 보이는 현상인 '별의 광행차'가 발생하는 근본적인 이유를 알 수 있다. 전기를 띠고 있는 물체 사이에 작용하는 전기의 힘인 '전기력'과 자석에 의해 서로 끌거나 밀어내는 힘인 '자기력'은 진정으로 동일한 현상의 서로 다른 표현이라는 것을 알 수 있다. 그리고 거의 빛의 속도로 달릴 때 길가에 우뚝 솟은 사각형 모양의 건물들이 왜 둥근 모양으로 보이는지도 알 수 있다.

이 책을 통해 빛을 정복하자. 그 유명한 뉴턴도 빛을 다루었고, 아인슈타인도 빛을 다룸으로써 천재과학자란 명성을 얻었다. 빛을 정복하는 자가 성공을 거머쥐고 거장 반열에 오를 수 있다. 엄청난 속도, 강력한 파괴력을 가진 레이저 무기도 '파동이 가지런한' 빛에 기반을 두었다. 우리가 낮이고 밤이고 손에서 놓지 않는 스마트폰도 전파가 아니면, 빛이 아니면, 고철 덩어리와 다름없다. 신이 우주를 창조할 때 제일 먼저 만들어낸 것도 빛이다.

우리는 우주에 대하여 참 궁금한 게 많다. 대표적인 질문은 "우주의 본질은 과연 무엇인가?"이다. 우리가 알고 있는 것은 우주는 광활하다는 것, 우주는 신비스럽다는 것이다. 허블 우주망원경으로 찍은 사진을 보면 느끼겠지만 우주는 경이롭기까지 하다. 우주는 기본적으로 세 가지로 구성된다. 공간, 시간, 그리고 에너지. 이 책의 목적은 우주의 본질, 우주의 비밀을 밝히는 첫 번째 열쇠인 빛의 특이한 성질과 시간의 본질을 파악함으로써 우리가 사는 광활하고, 신비스럽고, 경이롭기까지 한 우주는 실제로 무엇으로 구성되었는지, 우주의 운명은 앞으로 어떻게 되는지를 더욱 더 이해하고자 하는 데 있다.

이 책은 전공자뿐만 아니라 일반 독자들까지 쉽게 이해하고 재미있게 읽을 수 있도록 그림과 비유와 은유를 이용하여 설명하고자 하였다. 내용을 이해하는 데 도움이 되는 수식이나 부가설명은 본문에서 번호를 매긴 후 책 말미에 정리했다. 이 책에서 다루는 여러 이론에 대한 증명은 저자가 영문으로 작성한 책 《The Essence of the Universe》(북스 힐, 2015)에 상세히 기술되어 있으니 관심 있는 독자들은 참고하기 바란다.

이 책이 나오기까지 수고해주신 경문사 관계자분들께 진심으로 감사를 드린다.

2016년 7월
저자 일동

 차례

이 책을 시작하며　　7

Part 1
빛의 궤적은 보통 물체의 궤적처럼 보이는가?
　　빛의 궤적과 파장에 숨겨진 비밀을 캐기 위한
　　기초 중의 기초 • 19
　　특수 상대성 원리와 광속도 불변의 원리는
　　어떻게 형성되었나? • 36

Part 2
시간 지연 현상은 과연 일어날까?
　　움직이는 물체의 시간 지연 효과는
　　어떻게 도출되었나? • 51
　　시간 지연 현상을 유도한 '사고 실험'에는
　　아무런 문제가 없는가? • 65
　　시간의 절대성에 대한 증명 • 87

Part 3

광속도 불변의 근본적인 이유는 무엇일까?

    광속도 불변의 근본적인 이유 • 95

    중력이 약하든 중력이 강하든 시간은 균일하게 흐른다는

       시간의 절대성에 대한 증명 • 126

    두 관성계 사이를 잇는 시간이 절대적인

       새로운 좌표 변환 • 133

Part 4

시간 지연 현상을 지지하는 실험이나 사례는
아무런 문제가 없는가?

    시간 지연 현상과 관련되는 상황과 실험결과에 대한

       올바른 해석 • 139

Part 5

광행차가 일어나는 실제 이유는 무엇일까?

    별의 광행차가 발생하는 근본적인 이유 • 165

    동일한 현상의 서로 다른 표현인 전기력과 자기력에

       관하여 • 176

    시간은 존재하는가? • 184

- 이 책을 끝맺으며… • 191
- 부록 • 194
- 미주 • 201
- 찾아보기 • 213

Part 1

빛의 궤적은 보통 물체의 궤적처럼 보이는가?

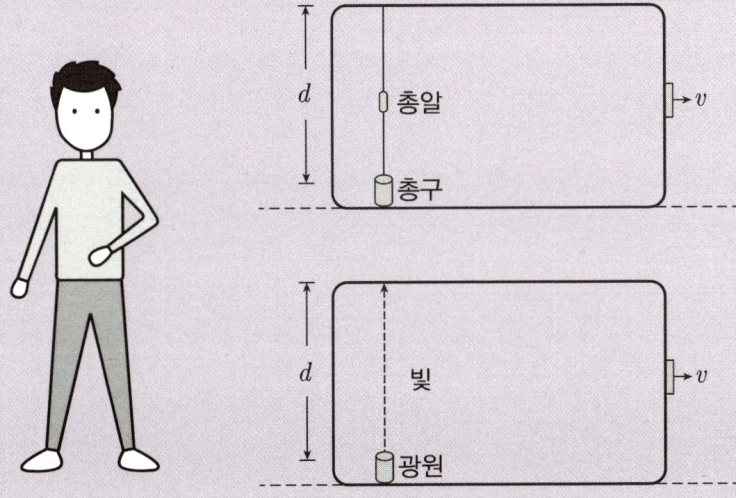

빛의 궤적과 파장에 숨겨진
비밀을 캐기 위한 기초 중의 기초

✳ ✳ ✳

　　　　　　　　　　우리가 자동차나 우주선을 타고 움직이면 우리의 시간은 정지해 있는 사람의 시간보다 천천히 흐른다. 더 빨리 움직일수록 시간은 반대로 더 천천히 흐른다. 우리가 매우 빠르게, 거의 빛의 속도로 움직이면 우리의 시간은 거의 정지할 것이다. 즉, 거의 빛의 속도로 달리면 혈기 왕성한 젊음을 거의 그대로 유지할 수 있다는 뜻이다. 이것이 특수 상대성 이론의 핵심인 '시간 지연 현상' 또는 '시간 지연 효과'이다.

　그런데 시간 지연 현상은 정말 일어날까? 이에 대한 답은 조금 실망스럽겠지만 "그렇지 않다."이다. 그 이유는 '케찹을 뿌린 팥빙수'에 빗댈 수 있다. 즉 시간 지연 현상은 전혀 어울리지 않는 두 가지를 아무 생각 없이 섞어서 만든 케찹 빙수처럼 애초에 잘못 만들어진 것이기 때문이다.

　움직이는 장소에서든 정지해 있는 장소에서든 시간은 똑같이 흘러 시간 지연 현상이 일어나지 않는다면 어떻게 시간 지연 효과를 도출했을까? 그 과정에 어떤 오류가 있을까? 이 책에서 시간 지연 현상이 일어나지 않는다고 주장하는 이유는 무엇일까? 궁금한 게 하나 더 있다. 시간 지연 효과를 유도하기 위하여 아인슈타인이 증명 없이 이용한 '광속도 일정성의 원리'이다. 우리의 직관에 위배되고 상식적으로 이해가 안 되는 원리이다. 정지한 우주선에서 비춘 빛의 속도이든 빠른 속도로 움직이는 우주선에서 발사된 빛의 속도이든 땅 위에 서 있는 사람이 측정하면 모두 같은 값이 나온다는 것이다. 더욱 불가사의한 것은 매우 빠른 속도로 빛을 뒤쫓아가는 우주선에서 앞서가는 빛의 속도를 재더라도 똑같이 측정된다는 것이다. 이처럼 빛을 방출하는 광원이나 관측자의 속도와 상관없이 빛의 속도가 항상 일정하게 측정되는 이유는 무엇일까? 이 모든 궁금증에 대한 해답의 열쇠는 어디에 있을까?

운동에는 '단순한' 운동이 있다. 예를 들면, 가만히 앉은 상태에서 공을 던지거나, 서 있는 상태에서 창을 내던지거나, 땅 위에 고정된 발사대에서 미사일을 쏘거나, 정지한 자동차의 헤드라이트에서 빛이 방출되는 것이다. 반면에 운동이 일어나고 있는 상태에서 또 다른 운동이 일어나는 '복합적인' 운동이 있다. 예를 들면, 달리는 기차 안에서 공을 던지거나, 힘차게 뛰어가며 창을 내던지거나, 빠른 속도로 움직이는 우주선에서 미사일을 발사하거나, 거의 빛의 속도로 움직이는 입자에서 빛이 방사되는 것이다. 이를 '운동 안에 운동이 일어난다'라고 표현하자.

움직이는 장소에서는 정지해 있는 장소에서보다 시간이 천천히 흐르느냐 아니면 시간은 어느 곳에서나 똑같이 흐르느냐 하는 질문에 대한 해답은 운동 안에 운동이 일어날 때의 빛의 궤적에 숨겨져 있다. 빛의 궤적이 어떻게 주어지느냐를 이해하면 누구나 시간 지연 현상의 유무에 대하여 간단히 판단할 수 있다.

게다가 빛의 속도는 누가 보아도 항상 일정하다는 광속도 불변의 근본적인 이유는 운동 안에 운동이 일어날 때의 빛의 파장에 감춰져 있다. 광원의 속도와 관측자의 속도에 따라 빛의 파장이 어떻게 변하느냐를 이해하면 누구나 그 근본적인 이유를 알 수 있다.

따라서 어쩌면 독자에게 쉽고 진부한 내용이 될 수 있지만 시간의 절대성과 광속도의 불변성을 명확히 밝히기 위하여 앞으로 함께

잠시 쉬어 가가

1차 세계 대전이 한창일 때의 일이다. 연합군 조종사가 전투기를 몰고 기관총 탄알이 빗발치는 적군 진영 상공을 빠른 속도로 비행하고 있을 때 옆에 이상한 물체가 있는 것처럼 느껴져 고개를 돌렸다. 순간, 그는 깜짝 놀랐다. 기관총 탄알 하나가 자신이 모는 전투기 바로 옆에서 살랑살랑 춤을 추고 있는 것이 아닌가. 조종사가 헛것을 본 것이 아닌가 싶어 눈을 껌뻑이고 다시 보니 여전히 그 총알이 방긋 웃으며 춤을 추고 있었다. 손만 밖으로 뻗으면 총알을 살짝 잡을 수 있을 것만 같았다. 귀신한테 홀린 건가? 어떻게 된 일일까? 생각에 잠긴 그 조종사는 잠시 후 "아!" 하며 손바닥으로 자신의 헬멧을 치고 크게 웃었다. 두 물체가 같은 속도로 나란히 달릴 때 서로를 쳐다보면 상대방은 움직이지 않는 것처럼 보인다는 사실이 떠올랐기 때문이다.

해야 할 긴 여정이 순조롭고, 재미있고, 또한 편안하도록 기초 중의 기초라고 할 수 있는 '보통' 물체의 궤적, 갈릴레이의 속도 덧셈 법칙, 갈릴레이의 상대성 원리를 다루는 것부터 시작하도록 하자. 보통 물체란 질량이 0이 아닌 공, 총알, 미사일 등과 같은 물체를 의미한다. 그러므로 빛은 보통 물체의 부류에 속하지 않는다.

운동 안에 운동이 일어날 때 보통 물체의 궤적

등속도 v로 달리는 기차의 한 객차 안에 어린아이와 승무원이 서로 마주보고 앉아 있다. (사실 기차를 여러 번 타 보았지만 앉아 있는 승무원은 거의 보지 못했다. 실험을 위하여 잠시 앉아 달라고 부탁을 했다고 하자.) 이 어린아이는 심심함을 견디지 못해 기차를 탈 때 들고 들어온 공을 천장을 향하여 똑바로 던졌다. 위로 올라간 공은 속도가 점점 떨어져 천장에 닿기 직전에 멈춘 후 다시 어린아이의 손바닥으로 되돌아왔다.

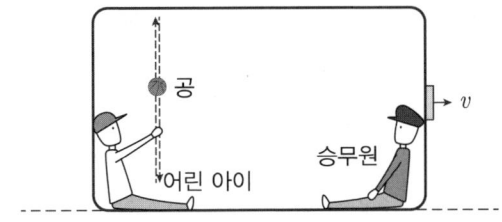

이 상황을 철로 옆에 서 있던 한 여행자(관측자)가 우연히 지켜보았다고 하자. 여행자의 눈에는 움직이는 열차 안에서 운동하는 공의 궤적이 어떻게 보일까? 이에 대한 답은 독자들도 이미 여러 번 듣고 보아서 알 것이다. 정지해 있는 여행자의 관점에서는 공은

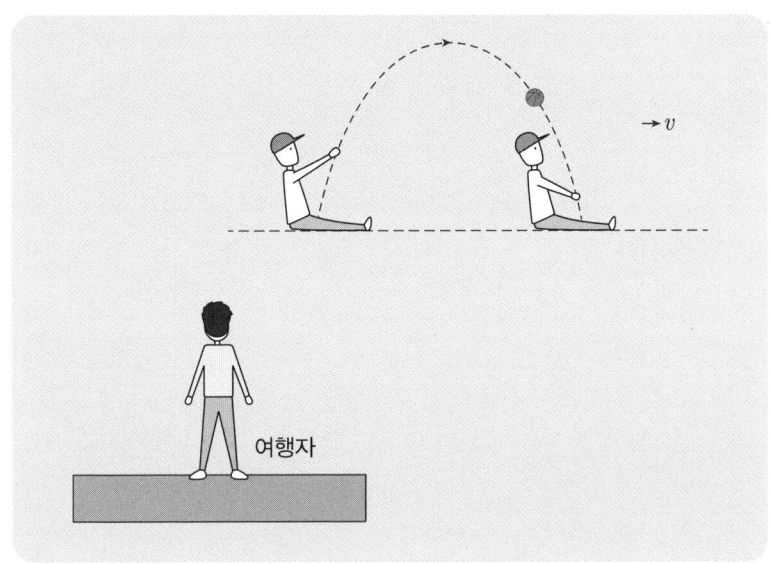

그림 1　철로 옆에 서 있는 여행자의 관점에서 달리는 기차 안의 공은 포물선 궤적을 그리는 것으로 보인다.

왼쪽에서 오른쪽으로 나아가며 포물선을 그린다(그림 1). 그렇다면 그 이유는 무엇일까?

　이는 두 가지 요인으로 설명할 수 있다. 먼저 공이 오른쪽 방향으로 비스듬하게 위로 올라갔다가 아래로 내려오는 것처럼 보이는 이유는 갈릴레이의 속도 덧셈 법칙에 의하여 위아래로 움직이는 공의 속도와 오른쪽으로 움직이는 기차의 속도가 더해지기 때문이다. 그리고 공의 움직임이 포물선 형태인 곡선으로 보이는 이유는 지구의 중력에 의하여 공이 위로 올라갈 때는 속도가 느려지고 공이 다시 내려올 때는 속도가 빨라지기 때문이다.

　이제 독자에게 가상적인 상황에 대한 도전적인 질문을 던져보겠다. 사실 이 책에서는 다음의 가상적인 상황이 더욱 중요하다. 만약 공이 (또는 총알이) 지구의 중력에 전혀 영향을 받지 않아서 올라

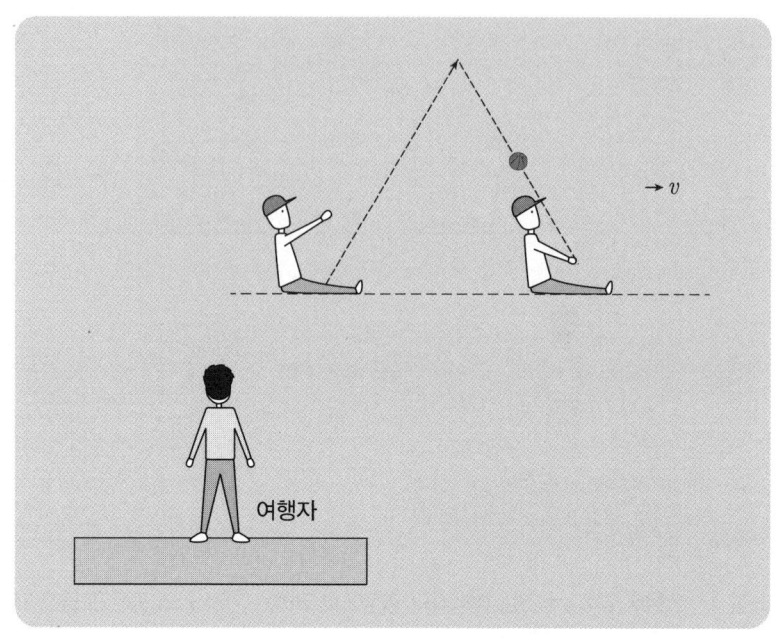

그림 2 공의 속도가 중력에 영향을 받지 않고 일정하면 기차 안에서 공이 수직으로 오르내리는 동안 철로 옆에 서 있는 여행자의 눈에는 공의 궤도가 비스듬하게 대각선 형태로 올라가고 내려오는 것으로 보인다.

갈 때나 내려올 때의 속도가 일정하다면 여행자의 눈에는 공의 궤적이 어떻게 보일까? 그렇다. 공의 궤적은 포물선이 아니라 그림 2와 같이 비스듬하게 사선 형태로 올라가고 내려오는 모습으로 보일 것이다.

당연한 사실이지만, 여기서 염두에 두어야 할 점은 기차 안에 앉아 있는 승무원의 관점에서 공이 이동한 거리보다 정지해 있는 여행자의 관점에서 공이 이동한 거리가 더 길다는 것이다. 기차 안의 승무원의 눈에는 공이 수직 선분을 따라 움직였지만 여행자의 눈에는 공이 대각 선분을 따라 움직였기 때문이다.

얼마 후 어린아이가 장난기가 발동했는지 갑자기 승무원을 향해

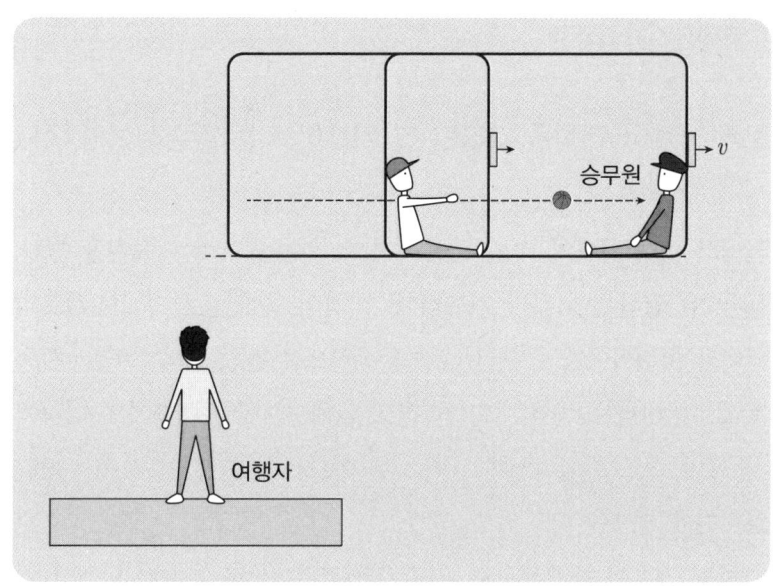

그림 3 여행자의 관점에서 기차 안의 공은 어린아이가 던진 공의 속도에 기차의 속도가 더해지기 때문에 승무원의 관점에서 이동한 거리보다 더 먼 거리를 이동한 것으로 보인다.

수평으로 공을 던졌다. 철로 옆에 서 있는 여행자의 눈에는 공의 궤적이 어떻게 보일까? 갈릴레이의 속도 덧셈 법칙에 의하면 공의 속도는 기차의 속도와 기차에 대한 공의 속도가 더해진 것이므로 공의 궤적은 왼쪽에서 오른쪽으로 수평을 그릴 것이다. 게다가 여행자의 관점에서 공은 기차 안의 승무원이 보았을 때 이동한 거리보다 더 먼 거리를 이동한 것처럼 보일 것이다(그림 3).

그렇다면 보통 물체인 공이나 총알이 아니라 빛이 움직일 때는 어떻게 보일까? 등속도로 달리는 기차 안에서 빛이 바닥에서 천장을 향하여 똑바로 방출되고, 천장에 있는 거울에 반사되어 똑바로 내려온다면, 철로 옆에 서 있는 여행자의 눈에 기차 안의 빛은 어떤 모습의 궤적을 그릴까? 이는 상당히 중요한 문제이므로 정답을 추측해보기 바란다.

보통 물체의 궤적을 그리는 데 기본이 되는 갈릴레이의 속도 덧셈 법칙

앞에서 '갈릴레이의 속도 덧셈 법칙에 의하면'이라는 표현을 썼다. 물론 이 법칙은 너무나 자명하다. 기차의 속도는 시속 100킬로미터이고 어린아이가 승무원을 향해 수평으로 던진 공의 속도는 시속 30킬로미터라고 하자. 그러면 철로 옆에 서 있던 여행자의 입장에서 공의 속도는 얼마일까? 바로 두 속도를 더한 값인 시속 130킬로미터이다(그림 4).

다른 경우를 생각해보자. 시속 100킬로미터로 기차가 달리고 있고 근처에 기차와 같은 방향으로 자동차가 시속 130킬로미터로 달

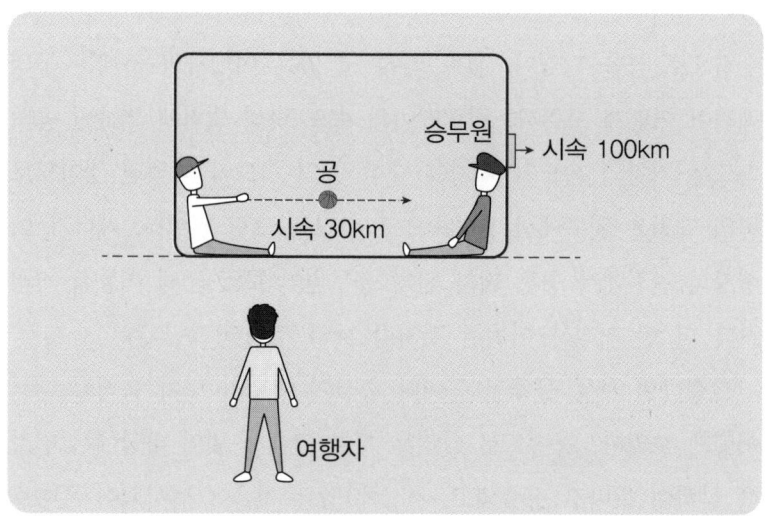

그림 4 철로 옆에 서 있는 여행자는 달리는 기차 안에서 기차와 같은 방향으로 던져진 공의 속도를 기차의 속도와 기차에 대한 공의 속도의 합으로 측정한다.

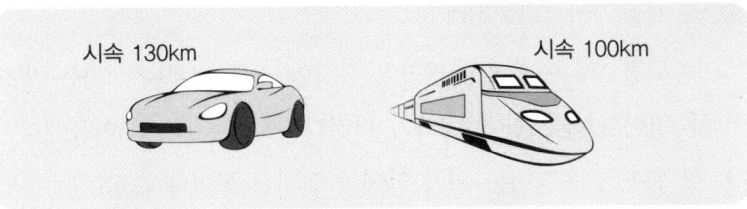

그림 5   기관사에게 기차와 같은 방향으로 달리는 자동차의 속도는 자동차의 속도에서 기차의 속도를 뺀 값으로 측정된다.

리고 있다. 기관사가 고개를 옆으로 돌려 이를 목격한다면 기관사의 관점에서 자동차의 속도는 얼마일까? 자동차의 속도에서 기차의 속도를 뺀 값인 시속 30킬로미터이다(그림 5).

이와 같이 평행을 이루며 직선 운동을 하는 두 물체의 속도에 대한 계산법을 갈릴레이의 속도 덧셈 법칙이라 부른다. 1차 세계 대전 때 한 연합군의 조종사가 자신이 몰던 전투기 바로 옆에서 살랑살랑 춤을 추며 서 있는 총알을 목격하게 된 것은 전투기의 속도와 총알의 속도가 같았기 때문이다. 즉, 조종사의 관점에서 총알의 속도는 총알의 속도에서 전투기의 속도를 뺀 0이므로 총알은 정지해 있는 것으로 보였을 것이다.

또 다른 예는 공항에 가면 흔히 볼 수 있는 무빙워크이다. 무빙워크가 시속 5킬로미터로 움직이고 그 위를 한 사람이 여행 가방을 끌며 시속 7킬로미터로 바삐 걷는다면 무빙워크 옆에 서 있는 공항직원에게 그 사람은 시속 5킬로미터에서 시속 7킬로미터를 더한 시속 12킬로미터로 움직이는 것처럼 보인다. 만약 그 사람이 뒤돌아서서 무빙워크가 움직이는 반대 방향으로 걷는데 그 속도가 시속 7킬로미터라면 무빙워크 옆에 서 있는 공항직원에게 그 사람이 걷는 속도는 얼마로 보일까? 시속 7킬로미터에서 시속 5킬로미터를 뺀 시속 2킬로미터이다.

  이쯤되면 '왜 이렇게 당연하고 식상한 것을 다루나?' 하는 생각이 들 것이다. 잠시만 인내하기 바란다. 크게 두 가지 이유에서이다. 첫 번째는 움직이는 기차 안에서 던져진 공이나 움직이는 무빙워크에서 여행 가방을 끌며 걷는 사람과 같이 움직임 안에 일어나는 또 다른 움직임에 대한 궤적을 그릴 때 이 속도 덧셈 법칙이 적용되기 때문이다. 기차 안의 어린아이가 승무원을 향해 수평으로 공을 던졌을 때, 철로 옆에 서 있는 여행자의 관점에서 공이 이동한 거리가 기차 안의 승무원의 관점에서 공이 이동한 거리보다 더 먼 이유도 여기에 있다.

  두 번째는 물체의 궤도를 나타낼 때 비록 이 법칙이 적용되기는 하지만 우주 안 물체들의 운동은 이 법칙으로 정확하게 돌아가지 않는다는 것을 강조하기 위해서이다. 이치에 조금 맞지 않는다는 느낌이 들지만 어쩔 수가 없다. 구체적으로 운동 안에 또 다른 운동이 일어나면, 예를 들어 움직이는 장소에서 어떤 물체가 발사되면 발사된 그 물체의 속도는 갈릴레이의 속도 덧셈 법칙과 같이 단순히 두 속도를 더한 값으로 주어지지 않는다. 실제 값은 두 속도를 더한 값보다 작다. 즉, 움직이는 기차 안에서 어린아이가 던진 공을 철로 옆에 서 있던 여행자가 보았을 때 공의 속도는 시속 130킬로미터가 아니라 이보다 조금 더 작고, 무빙워크 옆에 서 있는 공항직원에게 무빙워크 위를 걷는 사람의 속도는 시속 12킬로미터가 아니라 이보다 조금 더 작다는 뜻이다. 우리의 상식에 조금 어긋난다.

  이 사실은 오래전 빛에 대해서, 전자기파에 대해서 연구를 하다

우연히 알게 되었다. 그래서 갈릴레이의 속도 덧셈 법칙에 의하여 더해진 두 속도의 합은 실제 값에 대한 근사치로 받아들여지고 있다. 하지만 먼저 이 법칙을 소개하는 이유는 이 법칙이 가장 먼저 등장했고, 등속 직선 운동을 하는 우주의 삼라만상이 이 법칙에 따라 돌아가는 것처럼 보였으며, 이 법칙이 더 정밀한 법칙을 고안하는 데 기반이 되었기 때문이다.

준비 운동을 조금 더 한다고 생각하고 몸을, 아니 머리를 가볍게 풀어보자.

"누가 정지해 있고 누가 움직이는지 판단하기 어렵다."와 "보통 물체의 운동은 모든 관성계에서 똑같다."라는 갈릴레이의 상대성 원리

학교생활이나 직장생활을 할 때 많은 사람들을 만나게 된다. 그런데 어떤 사람에 대하여 한 번 좋은 마음을 갖게 되면 어떤 행동을 해도 좋게 보이고, 반대로 한 번 밉게 보면 무슨 짓을 해도 계속 밉살스럽게 보인다.

보통 물체도 이와 비슷한 성질을 가지고 있다. 정지해 있는 물체는 계속 정지해 있으려 하고 직선을 따라 등속도로 움직이는 물체는 계속 그 속도를 유지하려고 한다. 이런 성질을 무엇이라고 할까? 바로 '관성'이라고 한다. 관성이란 외부의 힘이 작용하지 않는 한 자신의 운동 상태를 그대로 유지하려고 하는 성질을 말한다. 이런 성질을 가지는 예들을 열거해보자. 꿈쩍도 않고 가만히 서 있는 사람, 등속도로 움직이는 기차나 우주선, 일정한 속도로 질주하는 미사일, 수학시간에 그래프를 그리기 위해 먼저 작성해야 하는 직교 좌표계, 기차 정거장의 플랫폼 등이다. 이런 물체, 좌표계, 또는 장소를 '관성계'라 부른다. 이 책에서 관성계란 관성의 법칙을 따르며 정지해 있거나 일정한 속도(등속도)로 직선 운동을 하고 있는 관성계를 말한다. 반면에 가속을 하는 물체는 '가속도계'라고 하는데 가속도계는 '일반 상대성 이론'에서 다뤄진다. 따라서 가속을 하거나 회전을 하는 물체는 관성계라 할 수 없다.

관성, 즉 관성의 법칙은 이탈리아의 갈릴레이가 발견하였다. 그는 세계 최초로 자신이 만든 망원경을 이용하여 목성 근처의 위성들이 목성을 중심으로 돌고 있다는 것을 관측했고(그 당시에는 태

피사의 사탑ⓒ김군찬

양, 행성 등 모든 것은 지구를 중심으로 회전한다고 생각했다), 지구가 태양 주위를 돈다는 지동설을 주장한 코페르니쿠스의 이론을 지지하였으며, 피사의 사탑에서 모든 물체는 질량과 무관하게 같은 속도로 떨어진다는 자유 낙하 법칙을 실험한 과학자로 잘 알려져 있다.

갈릴레이는 경사면에서 공을 굴리고 공의 움직임을 관찰하는 실험을 했다. 먼저 포물선 형태의 푹 파인 웅덩이 가장자리(그림 6의 위쪽)에서 공을 굴렸더니 공은 경사면을 따라 아래로 굴러 내려와

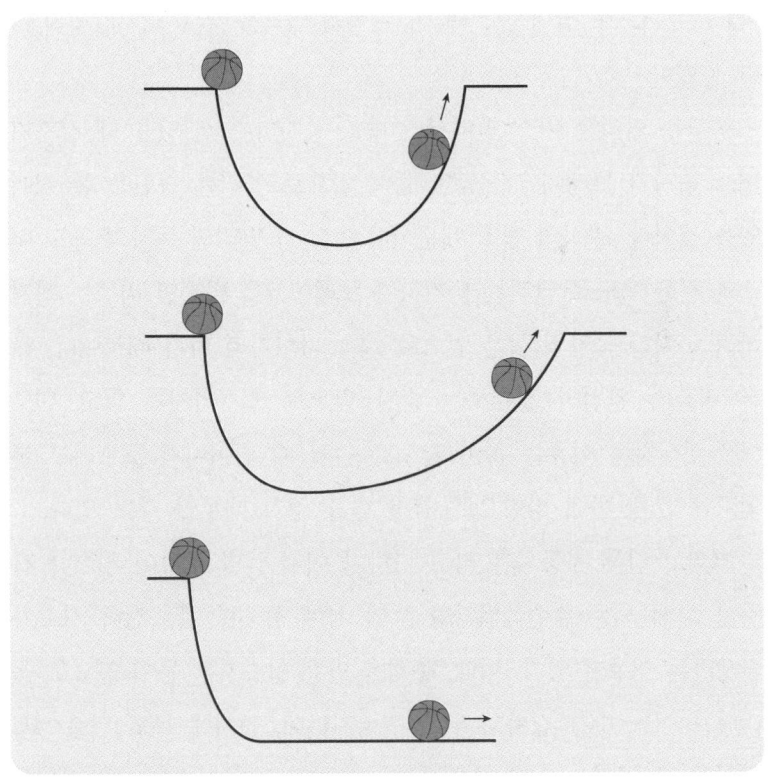

그림 6 관성의 법칙을 발견하게 해준 갈릴레이의 실험

가장 낮은 지점을 지나 원래 시작했던 높이까지 다시 올라갔다. 웅덩이를 변형하여 공이 위로 다시 올라가는 경사면을 낮추어도 공은 원래의 높이까지 올라갔다(그림 6의 중간). 그래서 그는 웅덩이가 아니라 공이 위로 다시 올라가는 경사면을 차츰차츰 낮추어 한쪽 면이 수평이 되게 하면(그림 6의 아래쪽) 공은 계속 굴러가야만 한다는 생각을 하였다.

즉, 한번 움직이는 물체는 끊임없이 계속 움직여야 한다는 사실을 깨달았다. 갈릴레이는 관성의 법칙을 발견하였던 것이다. (뉴턴은 나중에 만유인력 법칙을 포함한 운동 역학 현상을《프린키피아》라는 책으로 집대성할 때 이 관성의 법칙을 '운동의 제1법칙'이라 불렀다.)

독자는 달리는 버스 안에서 앞쪽을 응시하며 서 있을 때 갑자기 버스 기사가 브레이크를 밟아 몸이 앞으로 쏠리는 경험을 한 적이 있을 것이다. 관성의 법칙 때문이다. 버스가 달리면 독자의 몸도 버스와 같은 속도로 달리는데 기사가 브레이크를 밟으면 버스는 정지하려 하지만 독자의 몸은 앞으로 계속 나아가려 하기 때문이다. 물론 버스가 완전히 정지하는 순간 앞으로 꼬꾸라지지 않고 뒤로 '홱' 젖혀지는 이유는 몸이 앞으로 쏠릴 때 넘어지지 않으려고 본인도 모르게 반대 방향으로 엄청 힘을 주기 때문일 수도 있다.

그리고 간혹 자동차를 타고 가다가 어떤 돌발 상황이 일어나 갑자기 서게 되는 순간, 뒤따라 오던 차에 들이받히는 접촉 사고가 발생하는 경우가 있다. 이때, 충격을 받은 탑승자는 몸이 앞으로 쏠리다가 어느 순간 갑자기 뒤로 젖혀지는데, 동시에 목도 뒤로 '홱' 젖혀져 목 골절을 입을 수가 있다. 그러므로 차를 탔을 때 뒤에서

'끽' 소리가 들리면 재빨리 두 손으로 머리를 감싸고 몸이 앞으로 확 쏠리지 않도록 발에 힘을 주는 기교와 순발력이 필요하다.

  1632년, 갈릴레이는 "모든 물체의 운동은 상대적이며, 모든 물체의 운동법칙은 모든 관성계에서 똑같다."라고 공표하였다. 이를 갈릴레이의 상대성 원리라 부른다.

  '모든 물체의 운동은 상대적'이라는 것은 무엇을 의미하는지 알아보기 위해 앞에서 다룬 '달리는 기차와 철로 옆에 서 있는 여행자의 상황'으로 돌아가자. 시속 100킬로미터로 기차가 여행자를 스쳐 지나가면 여행자는 당연히 자신은 서 있고 기차가 움직인다고 생각할 것이다. 반면에 기차에 탑승한 승무원은 자신이 정지해 있고 여행자가 반대 방향으로 시속 100킬로미터로 움직인다고 생각할 것이다. 독자 역시 자신이 탄 기차는 정지해 있는데 옆에 있던 기차가 움직이는 바람에 자신이 탄 기차가 움직인다고 착각한 경우가 간혹 있었을 것이다. 즉, '상대적'이란, 기준이 되는 사람이 누구이냐에 따라 정지한 상태가 될 수도 있고, 운동 상태가 될 수도 있다는 것을 의미한다. 자동차를 운전하다 다음과 같은 경험도 해 보았을 것이다. 빨간색 신호에 걸려 브레이크를 '꼭' 밟고 신호등이 바뀌길 기다리던 중 라디오 채널을 바꾸기 위해 아래를 쳐다보다 고개를 드는 순간 자신의 차가 뒤로 슬슬 미끄러져 '으악' 하며 이미 밟고 있는 브레이크를 더욱 세게 밟았던 그런 경험을. 사실 옆에 같이 기다리던 차가 초록색으로 바뀌는 신호를 보고 앞으로 움직이기 시작했는데 이를 보고 자신의 차가 뒤로 움직인다고 순간적으로 착각한 것이다. 이는 누가 정지해 있고 누가 움직이는지 구분이 잘 안 되는 사례들 중 하나이다.

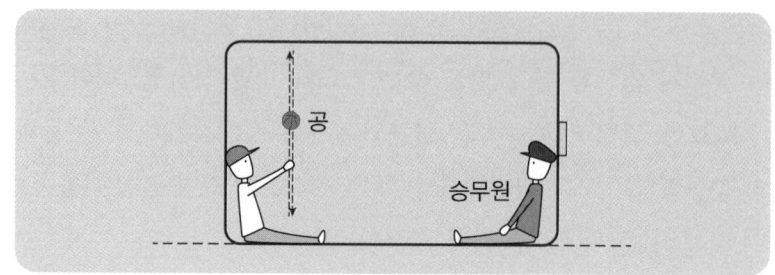

그림 7 기차가 정지해 있을 때 승무원의 관점에서 공은 수직 운동을 한다.

이제 "모든 물체의 운동법칙은 모든 관성계에서 똑같다."라는 말이 무엇을 의미하는지 살펴보자. 어린아이를 태우고 가던 기차가 다른 고속 열차를 먼저 보내기 위하여 3분 정도 정차하였다. 기차가 재출발하기를 기다리는 동안 지루함을 느꼈던지, 이 어린아이는 다시 공을 천장을 향하여 똑바로 던졌다. 앞에 앉아 있는 승무원의 관점에서 공은 똑바로 올라갔다가 똑바로 어린아이의 손바닥에 되돌아온다(그림 7).

얼마 후 기차는 가속을 하여 속도를 시속 100킬로미터까지 올리고 이 속도를 계속 유지하였다. 승무원의 관심을 끌고 싶어서인지 어린아이는 다시 공을 천장을 향하여 똑바로 던졌다. 승무원의 관점에서 기차가 서 있을 때의 경우와 같이 공은 똑바로 올라갔다가 똑바로 어린아이의 손바닥에 되돌아온다(그림 8). 사람과 공도 기차와 같은 속도로 달리기 때문이다.

공놀이에 싫증이 난 이 어린아이는 승무원이 자리를 잠시 비운 틈을 타 벌떡 일어나 통로를 뛰어다니기 시작했다. 그 아이의 엄마가 위험하다며 아무리 소리치고 말려도 막무가내였다. 이 어린아이를 근처에서 호기심 어린 눈으로 쳐다보던 한 살배기 아기도

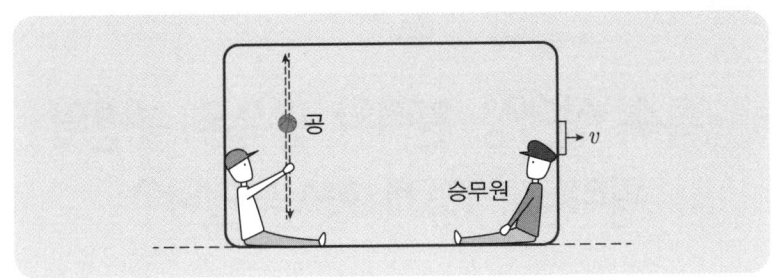

그림 8   기차가 등속도로 움직이더라도 승무원의 시선에서 공은 역시 수직 운동을 한다.

통로를 아장아장 걷기 시작했다. 그런데 등속도로 달리는 기차 안에서 어린아이는 아무리 뛰어도 넘어지지 않았다. 휘청거리지도 않았다. 아장아장 걷던 아기도 넘어지지 않았다. 꼭 땅 위에서 걷고 뛰는 것과 같았다. 어린아이와 아기가 균형을 잃거나 넘어질 뻔 한 순간은 기차가 약간 감속을 하거나 가속을 할 때뿐이었다.

위의 상황들은 기차(관성계)가 정지해 있든, 어떤 일정한 속도로 달리고 있든 운동의 법칙은 똑같다는 것을 의미한다. 수학적으로 표현하면 물체의 운동을 나타내는 방정식의 모양이 동일하다는 것이다. 사실 갈릴레이는 이 법칙을 공표할 때 기차가 아니라 배를 예로 들었다. 논문 〈두 개의 새로운 과학에 관한 수학적 논증과 증명〉을 통해, 정지한 배 위에서든 일정한 속도로 움직이는 배 위에서든 같은 물리 법칙이 적용된다는 것을 발표하였다.

이미 잘 알고 있겠지만 달리는 기차의 바로 뒷좌석에 설령 미운 사람이 타고 있더라도 침을 위로 '퉤' 뱉지 못하는 이유는, 갈릴레이의 상대성 원리에 의해 자신이 뱉은 침이 그 사람 얼굴에 떨어지지 않고 자신의 얼굴로 되돌아오기 때문이다.

특수 상대성 원리와 광속도 불변의 원리는 어떻게 형성되었나?

* * *

　　　　　　　　　　20세기 초에 그 유명한 '특수 상대성 이론(움직이는 물체의 시간 지연 현상과 다른 여러 가지 결과들)'을 정립하기 위하여 아인슈타인은 두 가지 원리를 전제 조건으로 두었다. 하나는 "정지해 있는 장소이든 움직이고 있는 장소이든 빛을 포함하여 모든 물체의 물리법칙은 똑같다."는 특수 상대성 원리이며 다른 하나는 "광원과 관측자의 운동 상태와 상관없이 빛의 속도는 항상 일정하다."는 광속도 불변의 원리이다. 즉, 이 두 원리를 가정하고 특수 상대성 이론을 이끌어냈다.

　이제 특수 상대성 이론의 토대가 되는 이 특수 상대성 원리는 무엇인지, 빛의 속도가 일정하다는 광속도 불변의 원리는 어떤 과정을 거쳐서 형성되었는지 구체적으로 살펴보도록 하자. 특수 상대성 이론과 특수 상대성 원리는 이름이 서로 비슷하여 헷갈릴 수 있는데 하나는 **이론**이고 다른 하나는 **원리**임에 유의하자.

특수 상대성 원리의 형성

앞에서 갈릴레이의 상대성 원리를 다루었다. 그렇다면 특수 상대성 원리는 갈릴레이의 상대성 원리와 어떤 차이가 있는가? 그 차이는 바로 '빛'에 있다. 갈릴레이의 상대성 원리에는 빛이 포함되지 않았다. 갈릴레이의 상대성 원리에 언급되는 '물체'라는 부류에 빛은 생략됐다는 것이다. 아마 갈릴레이가 활동하던 시기에는 빛에 대한 연구가 많이 이루어지지 않았고 빛에 대해 잘 몰랐기 때문이었을 것으로 추정된다. 빛의 정체를 규명하기 위한 본격적인 연구는 한 세기가 지나 영국의 뉴턴이 등장한 후부터 시작되었다고 할 수 있다.

두 세기 반 후, 아인슈타인은 빛을 갈릴레이의 상대성 원리에 포함시켜 갈릴레이의 상대성 원리를 다음과 같이 확장하였다. "빛이 나아가는 물리법칙뿐만 아니라 빛을 포함한 모든 물체의 물리법칙(운동)은 모든 관성계에서 똑같다." 쉽게 이야기하면 속도만 제외하고 '빛도 보통 물체처럼 행동하여, 빛의 궤적도 보통물체의 궤적을 따른다'는 것이다. 이렇게 확장된 원리를 아인슈타인의 **특수 상대성 원리**라 부른다.

(그러나 이 '확장'에 관하여 한 가지 염려스러운 점이 있다. 사실 빛은 보통 물체와 다르기 때문에 보통 물체처럼 항상 행동하지는 않는다. 따라서 빛의 물리법칙은 모든 관성계에서 똑같다고 할 수 없다. 이 때문에 빛을 포함하여 갈릴레이의 상대성 원리를 확장한다는 것은 문제가 있다고 볼 수 있다. 자세한 내용은 다음에 다루도록 하자.)

> **핵심 1**
>
> 특수 상대성 이론의 바탕이 되는 특수 상대성 원리는 갈릴레이의 상대성 원리에 빛을 추가한 것이다.
> 아인슈타인은 빛의 속도는 비록 누가 측정하더라도 똑같지만 빛의 궤적은 보통 물체의 궤적을 따른다고 생각했다. 이로 인하여 그는 존재하지도 않는 '시간 지연 현상'을 도출하게 된다.

광속도 불변의 원리가 형성된 시기와 배경

아인슈타인이 '빛의 속도가 일정하다는 것'을 인지하고 받아들인 시기는 언제이며 그 배경은 무엇인가? 다음 두 가지 상황의 결과를 먼저 음미하고 그 시기와 배경을 알아보도록 하자. 앞으로 어떤 물체의 등속도를 나타낼 때는 v, u'('유 프라임'이라 읽음)과 같은 알파벳 문자를 사용하도록 한다.

지구에 대하여 등속도 v로 날고 있는 우주선에서 같은 방향으로 등속도 u'으로 미사일이 발사되었을 때 지구 위에 서 있는 관측자가 이 미사일의 속도를 잰다고 하자(이때 미사일은 추진체 없이 기관포 총알이나 대포의 포탄처럼 운동한다고 가정함). 이 경우 갈릴레이의 속도 덧셈 법칙에 의하여 미사일의 속도는 우주선의 속도에 우주선에 대한 미사일의 속도가 합해져 $v+u'$으로 관측된다(그림 9).[1] 사실 지구는 자전도 하고 태양 주위를 공전도 하며 움직이고 있지만 지구와 관련되는 이러한 예를 들 때는 관습적으로 지구는 정지해 있다고 가정한다.

이제 우주선에서 미사일 대신에 빛을 발사하는 경우를 살펴보자.

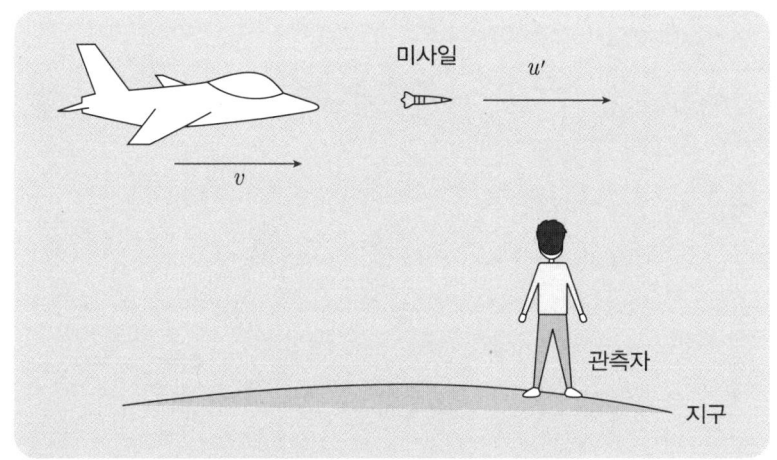

그림 9 지구 위에 서 있는 한 관측자는 등속도 v로 움직이고 있는 우주선에서 같은 방향으로 등속도 u'으로 자체 연료 없이 발사된 미사일의 속도를 $v+u'$으로 측정한다.

지구에 대하여 등속도 v로 비행하고 있는 우주선에서 같은 방향으로 빛이 속도 c(빛의 속도는 관례적으로 소문자 c로 표기함)로 발사될 때 지구 위에 서 있는 한 관측자가 빛의 속도를 측정한다고 하자. 놀라지 마시라! 지구 위의 관측자는 빛의 속도를 $v+c$가 아니라 그냥 c로 측정한다(그림 10). 빛의 경우 우주선의 속도에 우주선에 대한 빛의 속도가 더해지지 않는다. 직관에 위배되고 이해가 잘 안 되지만 명백한 사실이다. 왜일까? 왜 빠른 속도로 달리는 우주선에서 발사된 빛의 속도는 c로 측정될까?

그러면, 우주선과 미사일이 나란히 같은 방향으로 움직일 때 우주선 앞좌석에 앉아 있는 우주비행사가 미사일의 속도를 재는 경우를 살펴보자. 우주선의 속도는 v, 미사일의 속도는 u'이라고 하자. 이 경우 미사일의 속도는 짐작했던 대로 미사일의 속도에서 우주비

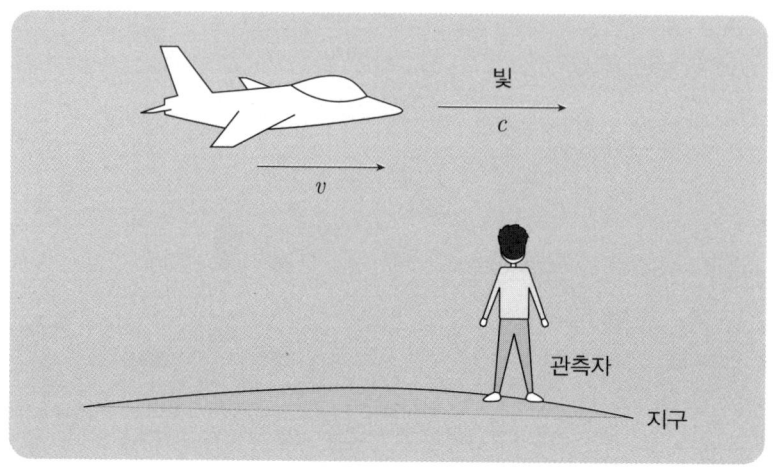

그림 10 지구 위에 서 있는 한 관측자는 등속도 v로 움직이고 있는 우주선에서 속도 c로 발사된 빛의 속도를 c로 측정한다.

행사의 속도를 뺀 $u' - v$로 측정된다(그림 11).

이제 우주선과 빛이 나란히 같은 방향으로 움직일 때 우주선 앞 좌석에 앉아 있는 우주비행사가 빛의 속도를 재는 경우를 살펴보자. 이 경우 역시 놀라지 마시라! 우주비행사는 빛의 속도를 $c-v$가 아니라 c로 측정한다. 빛의 속도에서 우주선의 속도를 뺀 값이

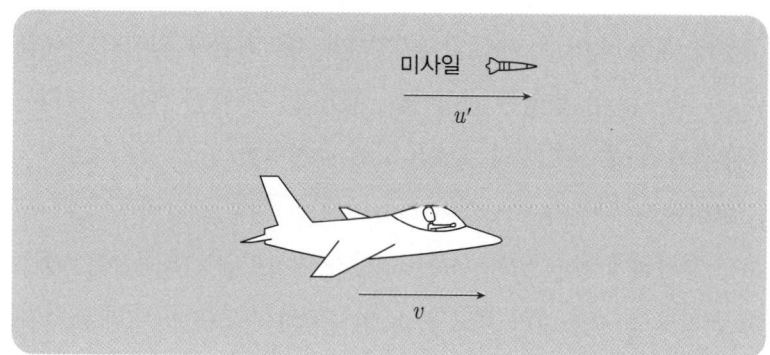

그림 11 속도 v로 움직이고 있는 우주선 안에 앉아 있는 우주비행사는 같은 방향으로 속도 u'으로 질주하는 미사일의 속도를 $u' - v$로 측정한다.

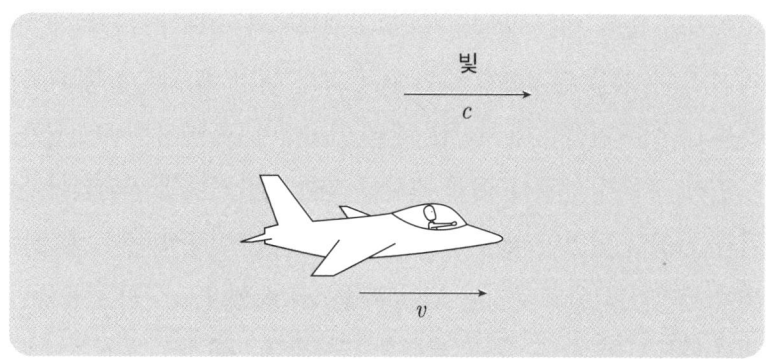

그림 12 속도 v로 움직이고 있는 우주선 안에 앉아 있는 우주비행사는 같은 방향으로 속도 c로 지나가는 빛의 속도를 c로 측정한다.

주어지지 않는다. 실로 기이한 현상이다. 빛과 우주선이 나란히 똑같은 방향으로 움직이기 때문에 갈릴레이의 속도 덧셈 법칙에 의하면, $c-v$로 관측되어야 하는데, 왜 c로 측정될까? 이것 또한 독자도 시간을 갖고 곰곰이 생각해보기 바란다(그림 12).

실제로 측정된 상당히 놀라운 결과를 상기해보도록 하자. 1964년 스위스 제네바에 위치한 유럽 원자핵 공동 연구소(CERN)에서 입자 가속기를 사용하여 '파이온'이라는 입자를 가속시켰다. 빠른 속도로 움직이는 파이온에서 방사되는 빛의 속도를 측정하기 위해서였다. 파이온의 속도가 거의 빛의 속도에 도달했을 때, 구체적으로 파이온의 속도가 빛 속도의 99.975% 정도 도달했을 때, 파이온에서 나온 빛의 속도를 재어보니 $0.99975c+c$가 아닌 정확히 c였다.

CERN©김군찬 2014

이처럼 빛을 내는 광원의 속도나 관측자의 속도와 무관하게 빛의 속도는 항상 일정하게 주어진다. 그럼 빛의 속도가 일정하다는 것을 최초로 인식하기 시작한 때는 언제이며 그 배경은 무엇인가?

먼저 수세기 전부터 빛에 관하여 과학자들 사이에 끊임없이 논란과 논쟁이 일었던 개념이 있다. 바로 빛의 '이중성'이다. 혹자는 빛이 입자라고 했고 혹자는 빛이 파동이라고 했다. 즉, 빛은 돌멩이처럼 '휙' 날아가기도 하고, 바다의 파도처럼 아래위로 움직이며 나아가기도 한다는 것이다. 이처럼 빛이 입자인지 파동인지 판단하기가 쉽지 않았다. 하지만 20세기로 넘어가는, 즉 아인슈타인이 활동을 시작한 시기에는 빛이 파동이라는 생각이 더 강했다. 따라서 이 시기에 사람들은 만약 빛이 파동이면 빛을 전하는 매질이 있어야 한다고 생각했다. 우리가 이른 아침 나무 위에서 지저귀는 새소리, 맑고 청아하게 울려 퍼지는 저녁 종소리, 두려움과 경외심을 동시에 자아내는 '우르릉 쾅, 쾅, 쾅' 거리는 천둥소리를 들을 수 있는 것은 음파의 매질인 공기가 있어서이다. (여기서 획기적인 아이디어 하나! 우주 공간에는 공기가 없으니 바로 옆에서 고함을 질러도 아무 소리가 들리지 않는다. 그렇다면 아파트의 위층과 아래층 사이를 얇게나마 진공상태로 만들면 아파트 층간 소음 문제는 말끔하게 해결할 수 있지 않을까?) 또 더운 여름에 바다에서 시원하게 서핑을 즐길 수 있는 것은 수면파의 매질인 물이 있어서이다.

사람들은 빛의 매질을 '에테르'라 부르고 이를 발견하기 위해 많은 노력을 해왔다. 소리가 공기에 대하여 초속 340미터로 움직여 우리의 귓속으로 들어오듯이 빛은 에테르에 대하여 초속 30만 킬로미터로 움직여 우리의 눈으로 들어온다고 생각했기 때문이다. 하지만 에테르는 발견되지 않았다. 에테르의 존재를 확인하기 위한 대표적인 실험이 바로 1889년 미국의 물리학자 마이컬슨과 몰리가 간섭계라는 장치를 이용한 실험이다.

그 당시 많은 사람들은 지구 주위뿐만 아니라 우주전체에 정지 상태인 에테르가 널리 퍼져 있어야 한다고 생각했다. 에테르가 우주에 퍼져 있다면 지구는 에테르에 대하여 운동을 할 것이고, 역으로 지구에 대하여 '에테르 바람'이 불 것이라 생각했다. 지구가 정지해 있는 에테르 속에서 오른쪽 방향으로 움직이면 지구는 그 자리에 정지해 있고 에테르가 반대인 왼쪽 방향으로 움직인다고 생각한 것이다. 이 에테르 바람을 발견하기 위하여 마이컬슨과 몰리는 그림 13과 같이 빛을 지구가 운동하는 방향으로 방출시킨 후, P 지점에 위치한 '반 거울'을 이용하여 빛이 두 부분으로 나누어지게 하였다. 즉, 빛의 반은 지구가 운동하는 방향으로 거리 L을 나아가

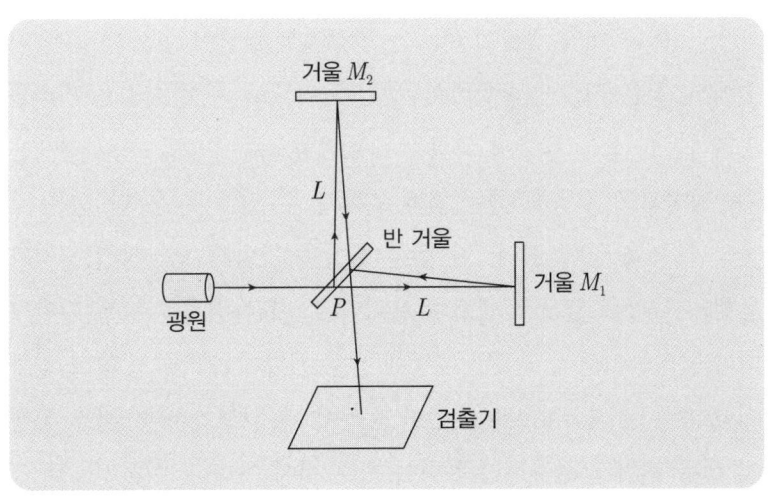

그림 13 에테르의 존재를 확인하기 위하여 마이컬슨과 몰리의 실험에 사용된 간섭계

게 하여 거울 M_1에 반사시킨 후 아래에 위치한 검출기로 들어가게 하고, 반은 수직 방향으로 나아가게 하여 같은 거리에 위치한 거울 M_2에 반사시킨 후 검출기로 들어가게 하였다.

마이컬슨과 몰리는 만약 에테르가 존재한다면 빛이 P 지점에서 오른쪽 거울이 있는 곳까지 수평으로 전파될 때는 에테르 바람을 거스르고(지구는 정지해 있고 에테르는 왼쪽 방향으로 흐르며 빛은 오른쪽 방향으로 움직이기 때문에) 오른쪽 거울에서 반사되어 P 지점까지 되돌아 갈 때는 에테르 바람과 같은 방향으로 움직일 것이라고 생각했다. 반면에 빛이 P 지점과 위쪽 거울 사이에 수직으로 오르내릴 때는 수직형태로 에테르 바람에 영향을 받으므로 두 부분으로 나누어진 빛은 검출기에 각각 다른 시각에 도착할 것이라고 예상했다. 엄밀하게 이야기하면 수직으로 움직인 빛이 수평으로 움직인 빛보다 더 빨리 검출기에 도착해야 한다. 이는 물론 이론적으로 확인 가능하다.

이 실험은 계속 강물이 흐르는 한강에서 쌍둥이 형제가 같은 지점에서, 같은 시각에 출발하여, 똑같은 속도로, 주어진 같은 거리를 왕복하는데 형은 강물이 흐르는 수평방향으로 수영을 하고 동생은 수직방향으로 수영을 하는 것에 비유할 수 있다. 형은 한 번은 강물의 흐름과 함께 빨리, 한 번은 물살을 거슬러 느리게 움직이고 동생은 물살을 옆으로 받으며 움직인다. 이런 점들을 모두 감안하더라도 쌍둥이는 출발했던 지점에 같은 시각에 도착하지 않고 강물이 흐르는 수직방향으로 수영한 동생이 먼저 도착한다. 결코 동생이 너무 귀엽고 사랑스러워 형이 봐준 것이 아니다. 이론적으로 그런 결과가 도출된다.

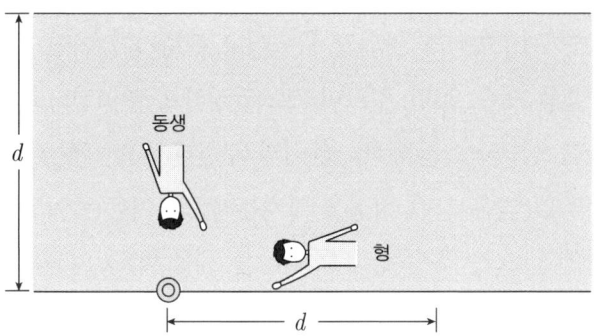

　마이컬슨과 몰리의 실험결과는 예상을 뒤집었다. 만약 에테르가 존재한다면 반으로 나뉘어 전파된 후 거울에 반사되어 되돌아온 두 빛은 검출기에 다른 시각에 도착해야 하는데도 불구하고 모두 동시에 도착했다. 실험을 여러 번 반복했으나 똑같은 결과가 나왔다. 그래서 그들은 결론을 내렸다. 에테르는 빛의 속도에 아무런 영향을 주지 않는다고. 빛의 속도는 지구의 운동에 영향을 받지 않는다고.

　하지만 아인슈타인은 달리 생각했다. 그들의 실험결과가 부정적으로 나온 것은 에테르가 없기 때문이라고 생각했다. 에테르는 우주에 아예 존재하지 않는다는 것이다. 마이컬슨과 몰리의 실험이 있기 전 스코틀랜드의 물리학자 맥스웰은 전기와 자기에 대한 연구를 수행하다 전자기파가 존재할 것이라고 예측하였다. 그리고 전자기파의 파동방정식을 유도하여 전자기파의 속도를 계산하고 전자기파의 속도가 빛의 속도와 일치하는 것을 알아내어 빛도 전자기파의 일종임을 알게 되었다. 더 중요한 것은 실험 장치가 정지해 있든, 움직이고 있든 전자기파의 속도가 항상 똑같이 나왔다는 것이다. 아인슈타인은 이 사실을 알고 있었다.

　그래서 아인슈타인은 에테르는 존재하지 않는다는 결론을 내림과 동시에 빛은 독자적으로 움직이며 빛의 속도는 에테르에 대하여 초속 30만 킬로미터가 아니라 광원이나 관측자가 어떤 속도로 움직이든 항상 초속 30만 킬로미터로 일정하게 주어진다고 결론 내렸다. 이를 광속도 불변의 원리라 부른다. 다만 왜 빛의 속도가 일정한지, 왜 빛은 그런 성질을 가지는지, 그 이유는 아인슈타인도 알지 못했다. 그는 특수 상대성 이론을 세울 때 빛의 속도가 일정하다는 사실만 활용하였다.

> 핵심 2
>
> 아인슈타인은 우주에 에테르는 아예 존재하지 않으며 빛의 속도는 어느 누가 측정하더라도 일정하다고 단호하게 결론 내렸다. 이로써 특수 상대성 이론의 또 다른 바탕이 되는 광속도 불변의 원리가 탄생했다.

잠시 쉬어 가기

"우린 지금의 달 모습을 보는 게 아냐."

해를 무척 아끼는 달신이가 유난히 밝고 둥근 보름달을 쳐다보며 뜬금없이 말했다.

"무슨 소리야?"

달을 무척 좋아하는 해신이가 의아한 표정을 지으며 물었다.

"빛의 속도가 초속 300,000킬로미터이고 달에서 지구까지의 거리가 384,400킬로미터이기 때문에 지금 우리 눈에 들어오는 달의 모습은 1.2초 전의 모습이야. 낮에 보는 해도 8분 19초 전의 모습을 보는 거고, 북극성의 모습은 약 800년 전의 모습이지. 그리고 난, 지금의 너를 보는 게 아냐. 아주 짧지만 과거의 너를 보는 거지. 세상 사람들 모두가 과거의 모습만 보고 살아가."

"신기하네…."

"앗! 지금 북극성이 달에게 손을 쑥 내밀며 윙크를 했어!"

"아닌데…? 북극성은 그냥 환한 얼굴을 하고 있을 뿐인데…."

"기다려봐. 800년 후에는 보게 될 거야."

Part 2

시간 지연 현상은
과연 일어날까?

$$t \quad = \quad t'$$

움직이는 물체의 시간 지연 효과는 어떻게 도출되었나?

✱ ✱ ✱

1905년 〈운동 물체의 전기역학에 대해서〉라는 논문을 통해 아인슈타인은 앞에서 다룬 특수 상대성 원리와 광속도 불변의 원리를 토대로 움직이는 물체의 시간은 정지해 있는 물체의 시간보다 천천히 흐른다는 '시간 지연 효과'를 유도하였다. 즉, '특수 상대성 이론'을 정립했다. 왜냐하면 시간 지연 효과를 유도한 후 이를 이용하여 움직이는 물체의 길이는 정지해 있는 물체의 길이보다 줄어든다는 '길이 수축 효과'를 도출했고, 광속도 불변의 원리만을 이용하여 물질과 에너지는 동등하다는 '물질-에너지 등가 원리($E=mc^2$)'를 유도했는데, 이들과 부수적으로 일어나는 다른 결과들을 모두 합쳐 특수 상대성 이론이라고 불렀기 때문이다.

특수 상대성 이론을 한 문장으로 요약하면 "시간과 공간은 절대적인 것이 아니며, 관측자의 입장에 따라 바뀐다."라고 할 수 있다. 10여 년 후에 발표된 일반 상대성 이론은 "가속에 의한 효과는 중력에 의한 효과와 같다."라는 등가 원리를 토대로 만들어졌다. 일반 상대성 이론을 한 문장으로 요약하면 "중력은 빛을 휘게 한다. 즉, 질량은 공간을 휘게 하고, 공간의 휘어짐이 중력을 발생시켜 빛을 휘게 한다."라고 할 수 있다. 이 이론들은 200여 년 동안이나 견고하게 지속된 뉴턴 역학을 완전히 뒤집어엎은 도발적인 이론들이라 할 수 있다.

그렇다면 아인슈타인은 애초에 움직이는 물체에서 시간 지연 현상이 일어날 수 있다는 발상을 어떻게 하게 되었을까? 왜 움직이는 사람의 시간은 정지해 있는 사람의 시간보다 천천히 흐를 수 있다고 생각하게 되었을까? 그것은 '동시성의 상대성' 개념에 의해서였다. 한 마디로 요약하면 어떤 사람에게 일어난 동시 사건은 다른 사람에게는 동시가 아니라는 것이다. 한 사람에게는 동시에 일어난 사건으로 보이고 다른 사람에게는 그 똑같은 사건이 동시에 일어나지 않은 것으로 보인다면 이는 두 사람에게 시간은 똑같이 흐르지 않고 두 사람 각각의 시간의 흐름에 차이가 있어야 한다는 것이다. 이 동시성의 상대성 개념을 설명하기 위해 필수적으로 사용되는 다음과 같은 상황을 살펴보자.

시간 지연 현상을 추론하게 한 동시성의 상대성

KTX 열차가 등속도 v로 대구역을 통과하고 있다. (참고로 KTX는 동대구역에는 정차하지만 대구역은 그대로 지나친다.) 열차의 한 객차 가운데는 승객 한 명이 창문 쪽을 보며 앉아 있고 객차의 양 끝 A'과 B'에는 빛을 방출하는 광원이 설치되어 있다. 대구역 플랫폼 위에는 한 관측자가 지나가는 열차를 보며 서 있다. 열차가

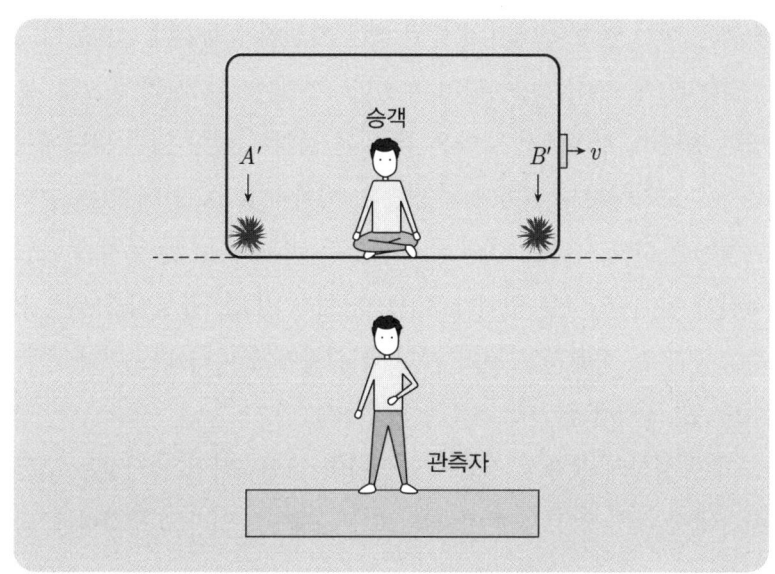

그림 14 한 관측자에게 동시인 사건이 다른 관측자에겐 동시가 아닐 수도 있다는 동시성의 상대성을 설명하는 가상적인 상황

대구역을 지나칠 때 객차의 양 끝에서 승객을 향해 빛이 동시에 방출되었다고 하자(그림 14).

KTX 안에 앉아 있는 승객은 빛이 자신에게 좌우에서 같은 속도로 날아오기 때문에 '두 빛이 자신에게 동시에 도착한다는 것'을 알게 된다. 하지만 플랫폼 위에 서 있는 관측자의 관점에서는 KTX가 오른쪽 방향으로 움직이고 빛의 속도는 일정하기 때문에 'B'에서 방출된 빛이 A'에서 방출된 빛보다 먼저 승객에게 도착하는 것'을 보게 된다. (승객이 B'에서 방출된 빛을 마중 나가고 A'에서 방출된 빛으로부터는 달아나려는 형국이라고 볼 수 있다.)

나중에 두 사람이 우연히 만났다. 비록 순간적인 마주침이었으나 서로를 알아보고 그때 그 상황에 대하여 서로 이야기를 나누었다.

승객은 객차 양쪽 끝에서 방출된 빛은 자신에게 동시에 날아왔다고 주장했다. 관측자는 아니라며 우겼다. 가까이서 자신의 눈으로 분명히 봤다며, 양쪽에서 날아온 두 빛은 중앙에 앉아 있던 당신에게 동시에 도착하지 않았다고 주장했다. 이처럼 KTX 안에 있는 승객에게는 동시인 사건이 다른 장소에 있는 관측자에게는 동시가 아닌 사건이 될 수 있다는 것이다. 이를 동시성의 상대성이라 부른다. 즉, '동시'란 절대적인 것이 아니라, 관찰자에 따라 다르거나 변할 수도 있다는 개념이다.

이 동시성의 상대성 개념에 착안하여 아인슈타인은 시간은 모든 사람에게 같지 않고 사람마다 다르게 흐를 수 있다고 생각하게 되었다.

(그런데 시간 지연 현상을 발단케 한 동시성의 상대성 개념을 설명하기 위하여 필연적으로 사용하는 위의 예에서 좀 석연치 않은 부분이 있다. 결론부터 이야기하면 'KTX 안의 승객의 관점에서도 플랫폼 위에 서 있는 관측자의 관점에서처럼 빛은 승객 자신에게 동시에 도착하지 않는다'는 것이다. 즉, 한 사람에게는 동시인 사건이 다른 사람에게는 동시가 아닌 사건이 아니라 둘 모두에게 동시가 아닌 사건으로 보여야 한다는 것이다. 그 이유는 빛의 속도는 열차의 속도에 영향을 받지 않기 때문이다. 이에 대해서는 나중에 더 자세히 다루도록 하자.)

사고 실험을 통해 유도한 시간 지연 효과

비록 시간 지연 현상을 추론하게 한 동시성의 상대성 개념을 설명하는 위의 예에서 석연치 않은 부분이 있다 하더라도, 또 동시성의 상대성 개념이 성립하지 않는다 하더라도, 움직이는 물체의 시간 지연 효과가 어떻게 유도되었는지를 이해하기 위하여 전공 교과서나 일반 서적에 흔히 등장하는 '사고 실험' 방법부터 살펴보자.

이 방법은 등속도 v로 달리는 기차(또는 배, 우주선 등)의 바닥에 광원을, 천장에는 거울을 설치하여 빛을 천장을 향해 수평에 90°인 수직으로 발사한다. 그리고 이 상황을 플랫폼 위에 서 있는 한 관측자가 목격하게 하여 이 관측자의 입장에서 빛의 궤적을 다룸으로써 시간 지연 효과를 유도한다. [이 사고 실험의 유도 과정은 1905년 아인슈타인이 발표한 사고 실험(빛을 **수평**으로 발사함)에 의한 시간 지연 효과의 유도 과정보다 이해하기가 쉽다. 그래서 이 사고 실험을 먼저 다루고 아인슈타인의 사고 실험은 나중에 살펴보기로 한다.]

일반인들에게 시간 지연 현상은 이해하기 어렵다고 알려져 있다. 하지만 그렇지 않다. 곧 알게 되겠지만 그 핵심은 아주 간단하다. 먼저 고정관념과 두려움을 내려놓도록 하자.

경우 1 빛이 수평에 90°로 방출되는 경우(교과서에 주로 나오는 사고 실험)

대구역 플랫폼(정지해 있는 관성계)에 광원과 거울이 설치되어 있고 그 옆에 한 관측자가 서 있다. 광원과 거울 사이의 수직 거리는 d이다. 등속도 v로 대구역으로 들어오는 KTX 열차(움직이는 관성계) 안에도 광원과 거울이 객차의 바닥과 천장에 설치되어 있다. 바닥에서 천장까지의 높이는 d이다. 객차 끝에는 승무원이 앉아 있다. 열차가 대구역 플랫폼을 지나치는 순간 두 광원에서 빛이 동시

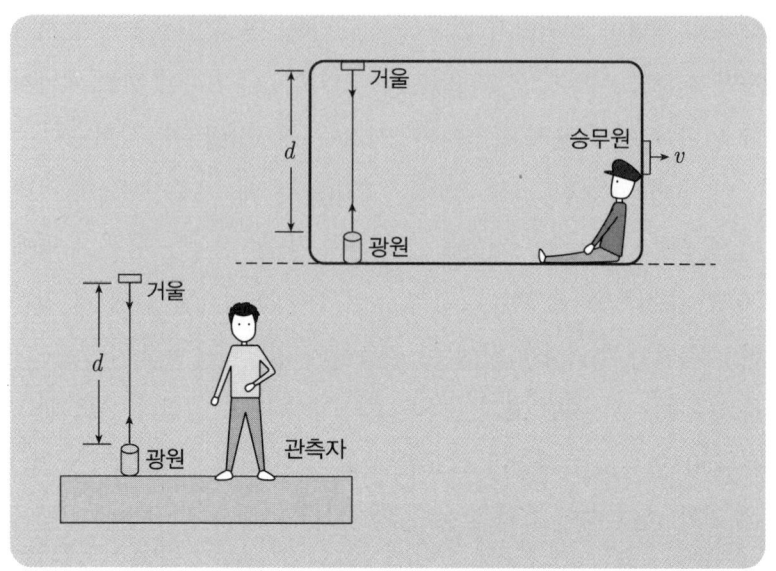

그림 15 플랫폼 위와 등속 직선 운동을 하는 열차 안에서 빛이 똑바로 위로 방출된다. 플랫폼 위에 서 있는 한 관측자가 주의 깊게 두 빛의 운동을 지켜보고 있다.

에 방출된다. 빛은 곧장 위로 전파되고 위에 설치된 거울에 반사되어 다시 광원으로 되돌아온다(그림 15).

플랫폼 위에 서 있는 관측자의 관점에서 플랫폼 위에서 방출된 빛은 당연히 똑바로 위로 올라갔다가 똑바로 아래로 내려오는 것처럼 보인다. 열차 안에 앉아 있는 승무원의 관점에서도 객차 안에서 방출된 빛은 똑바로 위로 올라갔다가 아래로 내려오는 것처럼 보인다. 그러면 서 있는 관측자가 움직이고 있는 KTX 쪽으로 눈을 돌렸을 때, 이 실험을 다루는 교과서나 책들은 이 관측자의 관점에서 KTX 안에 있는 빛의 궤적은 어떻게 보이는 것으로 나타냈을까? 그림 16에서 묘사한 것과 같이 사선형태로 비스듬하게 올라갔다가 사선형태로 비스듬하게 내려오는 것으로 표시하였다. 즉, 수직으로

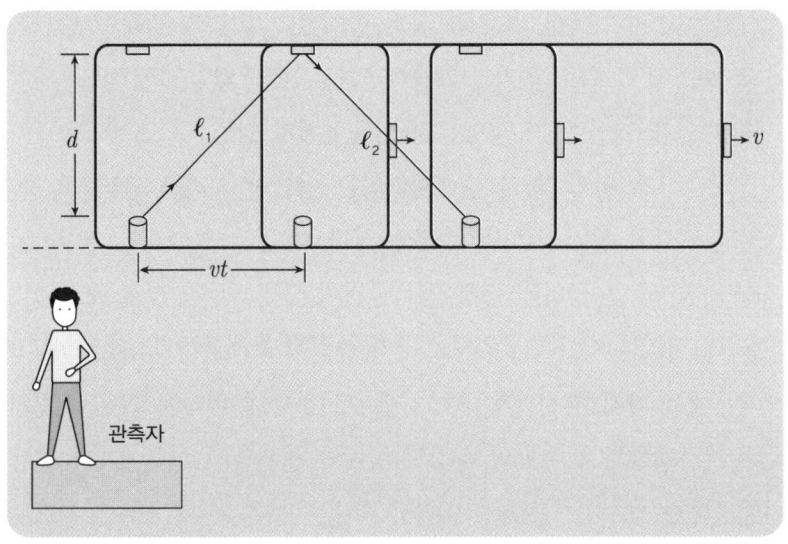

그림 16 플랫폼 위에 서 있는 관측자의 관점에서 움직이는 열차 안의 빛은 사선형 태로 비스듬하게 올라갔다가 사선형태로 비스듬하게 내려오는 것으로 나타내었다. 그림에서 vt는 시간 t 동안 (관측자의 관점에서) 열차가 움직인 거리이다.

왕복 이동한 거리($2d$)보다 더 긴 거리($\ell_1 + \ell_2$)를 이동한 것으로 나타내었다. 이미 언급했듯이 중력이 없다는 가정하에 보통 물체인 공이나 총알의 궤적과 동일하게 나타내었다. 앞에서 독자에게 이런 상황에서의 빛의 궤적에 대하여 한번 추측해 보라고 했는데 독자의 결과는 분명 이와 달리 나왔을 것이라 생각한다.

이 사고 실험에서 이끌어내고자 하는 시간 지연 현상의 요지는 다음과 같다. 잠시 집중을 하도록 하자. 이 내용을 이해해야만 사고 실험에 어떤 오류가 내재되어 있는지를 쉽게 파악할 수 있기 때문이다. 한 가지 더 밝힐 게 있다. 사실 플랫폼 위에 서 있는 관측자와 열차 안에 타고 있는 승무원은 서로 친분이 있는 사이이다. 두 사람은 스피커 폰을 켜둔 채 통화 중이었다. 그래서 각각이 주시하고 있는 빛이 위로 올라가 거울에 닿는 순간 "닿았어요!"라고 외쳐 빛이 언제 거울에 가 닿았는지 상대방에게 알릴 수 있었다.

빛은 1초 동안 30만 킬로미터라는 엄청난 거리를 달리지만 독자의 이해를 돕기 위하여 플랫폼 위에 서 있는 관측자의 관점이든 KTX 안에 앉아 있는 승무원의 관점이든 빛이 수직으로 오르내리는 데 걸리는 시간을 2초라고 하자(광원에서 거울까지 1초, 그리고 거울에서 다시 광원까지 1초). 광속도 불변의 원리에 의해서 빛의 속도는 광원과 관측자의 움직임 상태와 상관없이 누구에게나 항상 일정하게 보인다. 플랫폼 위에서 방출된 빛은 속도 c로 수직으로 올라가 1초 후 거울에 가 닿는다. 플랫폼 위에 서 있는 관측자의 관점에서 열차 안에 있는 빛은 같은 속도 c로 비스듬하게 대각선 형태로 올라가기 때문에 d보다 더 먼 거리 ℓ_1을 이동한다. 따라서 다음 그림에서 보듯이 비스듬하게 대각선 형태로 올라가는 것으로 보이는 빛이 플랫폼 위에서 수직으로 올라가는 빛보다 더 늦게 거

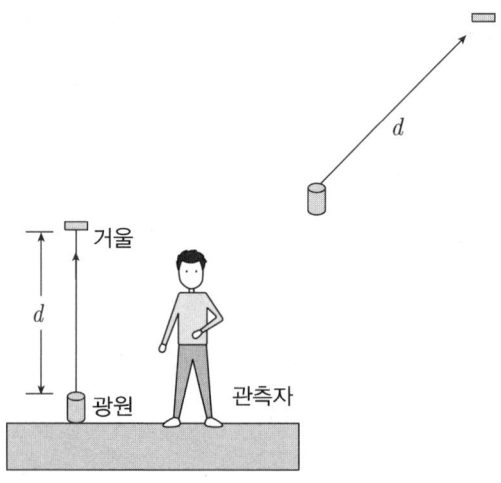

울에 가 닿는다.[2]

 그런데 비스듬하게 대각선 형태로 올라가는 빛이 거울에 가 닿는 순간 열차 안에서 수직으로 올라간 빛도 거울에 가 닿는다. 왜냐하면 똑같은 빛이기 때문이다. 그러므로 열차 안에 있는 빛은 플랫폼 위에 있는 빛에 비해 더 늦게 위쪽 거울에 도착한다. 승무원의 관점에서 열차 안에 있는 빛이 수직으로 상승하여 거울에 가 닿을 때가 1초이므로(승무원의 시간으로) 플랫폼 위의 관측자의 관점에서 열차 안의 승무원의 1초는 관측자 자신의 1초보다 길어진다. 예를 들면, 열차의 속도가 매우 빠를 때 관측자의 시계가 '똑딱', '똑딱' 2초가 경과하면 열차 안에서는 '똑~딱~' 1초가 경과한다고 할 수 있다. 즉, 움직이는 열차 안의 시간은 플랫폼 위의 시간보다 천천히 흐른다는 것이다.

 이것은 플랫폼 위의 관측자로부터 "닿았어요!"라고 외치는 소리가 스피커 폰을 통해 들려온 후 승무원으로부터 "닿았어요!"라는 소리가 들려온다는 것이다. 두 사람 모두 각각의 빛이 거울에 가 닿는 데 걸리는 시간이 1초인데 승무원이 주시하고 있는 열차 안의 빛이 거울에 더 천천히 가 닿았기 때문에 승무원의 시간이 관측자의 시간보다 더 천천히 흐른다는 논리이다.

 빛이 천장에 있는 거울에 반사되어 다시 광원으로 내려올 때도 마찬가지이다. 1초 후 플랫폼 위에 있는 빛이 수직으로 내려가 광원에 도착한다. 플랫폼 위에 서 있는 관측자의 관점에서 KTX 안에 있는 빛은 비스듬하게 대각선 형태로 내려오기 때문에 더 먼 거리를 이동한다. 따라서 열차 안에 있는 빛은 플랫폼 위에 있는 빛에 비해 더 늦게 아래쪽 광원에 도착한다. 열차 안에 있는 빛이 광원에 도착할 때가 승무원의 시간으로 1초이므로 플랫폼 위의 관측자의 관점에서 승무원의 1초는 관측자 자신의 1초보다 길어진다. 즉, 움직이는 열차 안의 시간은 플랫폼 위의 시간보다 천천히 흐른다는 논리이다.

이를 '시간 지연 현상'이라 부른다. 이 논리의 핵심을 한 번 더 짚어보자. 그것은 "플랫폼 위의 관측자의 관점에서 열차 안의 빛이 수직 선분의 길이 d보다 더 먼 거리 ℓ_1을 이동하는 것으로 보이기 때문에 열차 안의 시간이 플랫폼 위의 시간보다 더 천천히 흐른다."는 것이다.

그럼 이 시점에서 의미심장한 게릴라성 질문을 한번 던져보겠다. 만약에 '플랫폼 위의 관측자의 관점에서 열차 안의 빛이 수직 선분의 길이 d보다 더 짧은 거리를 이동하는 것'으로 보인다면 열차 안의 시간은 플랫폼 위의 시간보다 어떻게 흐른다고 말할 수 있는가?

다시 시간 지연 현상으로 되돌아가자. 만약 위에서 다룬 논리가 옳다면 움직이는 물체의 시간은 정지해 있는 물체의 시간에 비해 구체적으로 어느 정도 천천히 흐를까? KTX의 속도가 시속 300킬로미터이면 그 차이는 미미하다. (무궁화호에 비해 2, 3배 정도 빠르지만 빛의 속도에 비하면 아무것도 아니다. '새 발의 피'라는 말을 들어보았을 것이다. 그 정도로 작다.) 하지만 열차의 속도가 빛의 속도의 반인 초속 15만 킬로미터라면 어떻게 될까? 이 경우 플랫폼 위에서 1.15초가 경과하면 열차 안에서는 1초가 경과한다. 즉, 빛이 위로 움직일 때 플랫폼 위에서 1초가 흐르면 열차 안에서는 0.87초만 흐른다. 빛이 아래로 움직일 때도 플랫폼 위에서 1초가 흐르면 열차 안에서는 0.87초만 흐른다. 열차 안의 시간이 플랫폼 위의 시간보다 더 천천히 흐른다는 뜻이다. 이와 같이 움직이는 물체의 시간과 정지해 있는 물체의 시간 사이의 관계를 나타내는 구체적인 식은 직각삼각형에 대한 피타고라스 정리를 안다면 쉽게 유도해낼 수 있다.[3]

이 사고 실험에서는 플랫폼 위에 서 있는 관측자의 관점에서 KTX 안에 있는 빛의 궤적을 사선형태로 비스듬하게 올라갔다가 비스듬하게 내려오는 것으로 표시하였다. 그 이유는 무엇일까? 이미 감을 잡았겠지만 특수 상대성 원리 때문이다. 비록 빛의 속도가 일정하더라도 빛의 궤적은 보통 물체의 궤적을 따른다는 것이 특수 상대성 원리에 내포되어 있기 때문이다. 즉 빛의 속도는 변하지 않고 똑같지만 빛의 속도에 열차의 속도가 더해진, 두 속도의 합(부록 참조)에 대응하는 빛의 궤적이 관측자에게 보인다고 생각했기 때문이다.

그림 16에 주어진 대각 선분의 길이 ℓ_1은 그림 17과 같이 빛의 속도와 열차의 속도가 서로 직각일 때 '두 속도의 합(두 속도가 이루는 사변형의 대각 선분)에 대응되는 길이'라고 생각할 수 있다. (열차의 속도는 빛의 속도에 비해 무척 느리지만 독자의 이해를 돕기

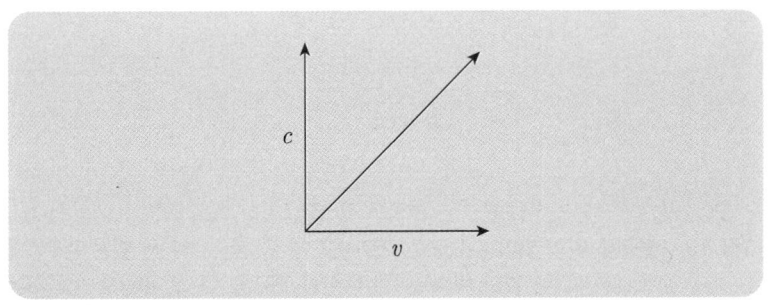

그림 17 빛이 똑바로 위로 향할 때 빛의 속도 c와 열차의 속도 v의 합

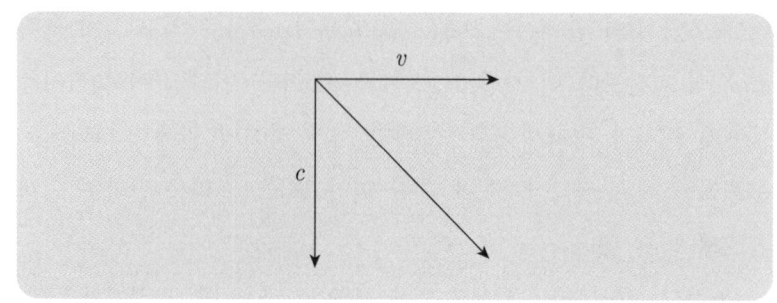

그림 18 빛이 똑바로 아래로 향할 때 빛의 속도 c와 열차의 속도 v의 합

위하여 열차의 속도에 해당하는 화살표의 길이를 과장되게 그렸다.)

마찬가지로, 그림 16에 주어진 대각 선분의 길이 l_2는 그림 18과 같이 '아래로 향하는 빛의 속도와 열차의 속도의 합에 대응되는 길이'라고 볼 수 있다.

물론 이 경우 위로 향하는 대각 선분의 길이 l_1과 아래로 향하는 대각 선분의 길이 l_2는 서로 같다. 그리고 l_1과 l_2는 각각 수직 선분 d보다 크다는 것은 자명하다.

위에서 다룬 사고 실험의 결과를 그림 19에 도식화하여 일목요

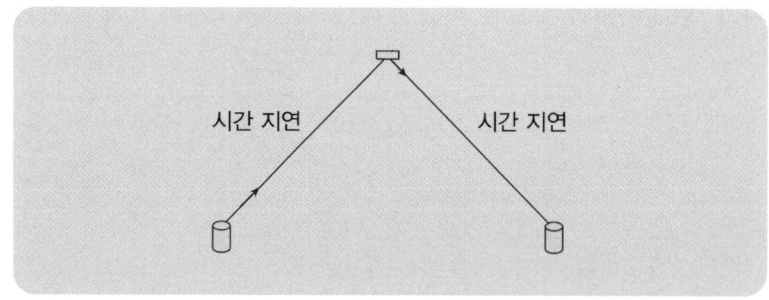

그림 19 플랫폼 위의 빛이 수직으로 오르내릴 때 플랫폼 위에 서 있는 관측자에게 열차 안의 빛은 비스듬하게 대각선 형태로 더 먼 거리를 오르린다. 따라서 움직이는 열차 안에 있는 시계가 플랫폼 위에 있는 시계보다 더 천천히 흘러 시간 지연 현상이 일어난다.

연하게 다시 나타내었다. 빛이 위로 향할 때 플랫폼 위에 서 있는 관측자의 관점에서 KTX 안에 있는 빛은 수직 선분의 길이 d보다 더 먼 거리(대각 선분의 길이 ℓ_1)를 오르기 때문에 움직이는 열차 안에 있는 시계가 플랫폼 위에 있는 시계보다 천천히 '똑~딱~'거려 시간 지연 현상이 일어난다. 빛이 아래로 향할 때 플랫폼 위에 서 있는 관측자의 관점에서 KTX 안에 있는 빛은 수직 선분의 길이 d보다 더 먼 거리(대각 선분의 길이 ℓ_2)를 내려오기 때문에 움직이는 열차 안에 있는 시계가 플랫폼 위에 있는 시계보다 천천히 '똑~딱~'거려 시간 지연 현상이 일어난다.

독자는 여기까지 읽고 "그런데 뭐가 잘못 됐다는 거지?"라고 반문할 수 있다. 조금만 더 기다려주기 바란다. 다음 단계로 넘어가기 전에 한 가지 더 주목할 것이 있다. 상당히 중요하다. 시간 지연 현상의 유무를 판단하는 열쇠가 바로 여기에 있기 때문이다. KTX 안의 빛이 곧바로 위로 올라가든 곧바로 아래로 내려오든 KTX 안의 시계는 같은 속도로, 규칙적으로 '똑딱'거려야 한다는 것이다. 이건 말할 필요도 없이 당연하다! 어떤 등속도로 움직이고 있는 관성계이든 그 관성계 안에서의 시간은 지속적이고 균일하게 흘러야 한다. 똑같은 장소인데도 불구하고 한 편으로는(빛이 올라갈 때) 시계가 빨리 '똑딱'거리고 다른 한 편으로는(빛이 내려올 때) 천천히 '똑~딱~'거린다면 무언가 크게 잘못된 것이다. 있을 수 없는 일이다.

우리 속담에 "화장실 갈 때 다르고 나올 때 다르다."라는 말이 있다. 잘 알고 있겠지만 사람의 마음이 상황에 따라 급변할 수 있다는 것을 은유한다. 이 속담은 집 안이나 등속도로 움직이는 열차처럼 한 관성계 안에서의 시간 흐름에는 적용할 수 없다. 빛이 위로 움직이든 아래로 움직이든, 빛이 우측으로 움직이든 좌측으로 움직이든, 우리가 밥을 먹든, TV를 보든, 화장실에 갈 때든, 화장실에서 나올 때든, 한 장소에서 시간은 절대 변하지 않고 규칙적으로 균일하게 흐른다. 시간은 우리를 배반하지 않고 신의를 지킨다.

핵심 3

물리학 전공 교과서에 주로 나오는 사고 실험에서는 빛이 수직으로 발사되어 거리 d를 움직일 때 정지해 있는 관측자의 관점에서의 빛의 궤적은 보통 물체를 따른다는 특수 상대성 원리를 적용하여 d보다도 더 먼 거리 ℓ_1을 대각선 형태로 이동하는 것으로 나타내었다.

그래서 움직이는 관성계 안에서의 시간은 정지해 있는 관측자의 시간보다 더 천천히 흐른다는 '시간 지연 현상' 논리를 펴고 있다.

시간 지연 현상을 유도한 '사고 실험'에는 아무런 문제가 없는가?

* * *

물론 있다! 드러나지 않는 치명적인 오류가 존재한다. 경우 1에 주어진 사고 실험을 보면 겉으로는 아무런 문제가 없는 것처럼 보인다. 하지만 빛이 위아래를 수직으로 움직일 때 플랫폼 위에 서 있는 관측자의 관점에서 KTX 안에 있는 빛은 대각선 형태로 똑같은 거리를 오르내렸기 때문에 별다른 차이가 없어 그 오류를 발견하기가 쉽지 않았을 뿐이다. 겉으로 드러나지 않은 그 오류가 무엇인지, 무엇을 잘못 생각하고 판단했는지 면밀히 살펴보자.

오래 전 저자는 '다음 6개의 성냥개비 중 3개를 움직여 정삼각형 4개를 만들어 보라'라는 수수께끼를 접하게 되었다.

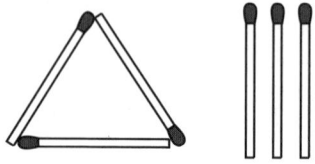

이 문제는 그 이후로 저자에게 어렵고 복잡한 문제를 해결하고자 할 때 어떤 발상을 가져야 하는지에 대한 좋은 교훈과 지침이 되었다. 독자도 한번 풀어보기 바란다.

문제를 풀기 위하여 오른편 성냥개비를 왼편에 이리저리 붙여보기도 하고 포개보기도 하였지만 4개의 정삼각형은 만들어지지 않았다. 답답함을 참지 못해 답을 슬쩍 보고 싶은 충동이 일어났지만 좀 더 고민하기로 마음먹었다. 순간, 한 줄기의 섬광이 번쩍 지나갔다. 어쩌면 완전히 새로운 관점에서, 어쩌면 완전히 다른 차원에서 접근해야 한다는 생각이 번뜩 들었다. 그렇다. 지금까지 당연히 평면에서 만들어야 한다고 생각했는데…, 혹시 차원을 하나 더 확대한다면…? (정답은 86쪽에)

경우 1의 사고 실험처럼, 빛의 궤적이 보통 물체의 궤적을 항상 따른다고 가정하자. 그리고 위의 경험에 비추어 새로운 발상을 하며 이런 질문을 던져보자.

열차의 속도, 광원과 거울 사이의 거리를 포함하여 모든 조건이 경우 1과 똑같지만, 빛이 나아가는 방향만 변경해보면 어떻게 될까?

이에 대한 답은 물론 자명하다. 빛이 전파되는 방향만 바꾸었기 때문에 경우 1과 같이 똑같은 속도 v로 움직이는 열차 안에서는 똑같은 시간 지연 현상이 일어나고 똑같은 결과가 나와야 한다. KTX의 속도가 빛의 속도의 반이라면 빛이 광원에서 거울까지 거리 d를 움직이든, 거울에서 광원까지 거리 d를 움직이든 플랫폼 위에서 1초가 흐르면 KTX 안에서는 0.87초가 흘러야 한다. 그렇지 않다면, 즉 다른 값이 나오는 터무니없는 결과가 발생한다면 사고 실험에 그려진 빛의 궤적(그림 16)은 틀렸다고 할 수 있다. 빛을 갈릴레이의 상대성 원리에 포함시킨 것은 잘못된 판단인 셈이다.

사고 실험에 내재된 오류

이제 사고 실험에서 빛의 전파 방향을 수평에 45°가 되도록 바꿔 보자.

경우 2 빛이 수평에 45°로 방출되는 경우

대구역 플랫폼 위에서뿐만 아니라 등속도 v로 대구역으로 들어오는 KTX 열차 안에도 광원과 거울이 객차의 바닥과 천장에 45°로 비스듬하게 설치되어 있다고 하자(그림 20). 물론 광원에서 거울까지의 거리는 d이다. 열차가 플랫폼을 지나치는 순간 두 광원에서 빛이 동시에 방출된다. 빛은 45°로 비스듬하게 위로 나아가고 위에 설치된 거울에 반사되어 다시 45°로 비스듬하게 광원으로 되돌아온다.

플랫폼 위에 서 있는 관측자의 관점에서 플랫폼 위에서 방출된 빛은 당연히 45°로 비스듬하게 위로 올라갔다가 45°로 비스듬하게

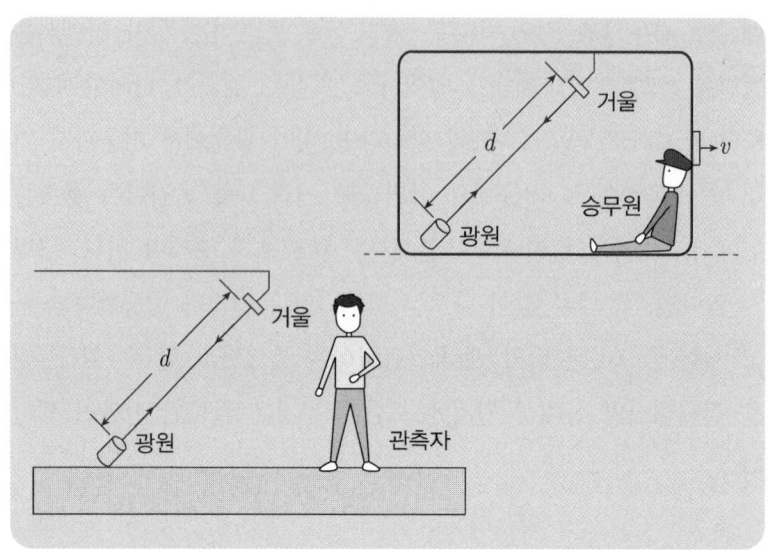

그림 20 플랫폼 위와 등속 직선 운동을 하는 열차 안에서 빛이 수평에 45°로 방출된다. 플랫폼 위에 서 있는 한 관측자가 두 빛의 운동을 지켜보고 있다.

아래로 내려오는 것을 보게 된다. 그러면 플랫폼 위에 서 있는 관측자가 움직이고 있는 열차 쪽으로 고개를 돌렸을 때 열차 안에 있는 빛의 궤적은 어떻게 보일까? 만약 빛의 궤적이 보통 물체의 궤적을 따른다면 그림 21에서 묘사한 것과 같은 형태를 보여야 한다.

그림 21에 주어진 길이 $\tilde{\ell}_1$('엘 원 위글'이라 읽는다)은 그림 22와 같이 '빛의 속도와 열차의 속도 사이에 끼인 각이 45°일 때 두 속도의 합에 대응되는 길이'라고 생각할 수 있다. (직각을 이루지 않는 두 속도의 합은 두 속도가 이루는 평행사변형의 대각 선분에 해당된다는 것을 상기하자. 자세한 설명은 부록을 참조하기 바란다.)

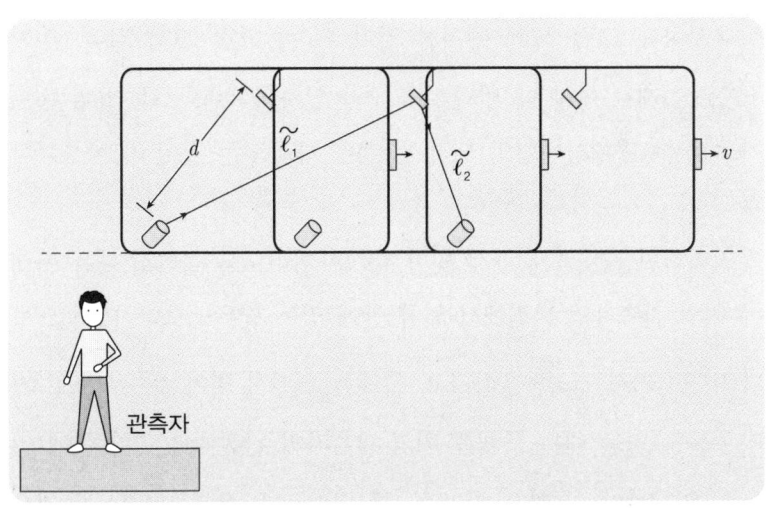

그림 21　플랫폼 위에 서 있는 관측자의 입장에서 움직이는 열차 안의 빛은 사선 형태로 더욱 더 비스듬하게 올라갔다가 사선형태로 다소 짧은 거리를 비스듬하게 내려오는 것으로 보인다.

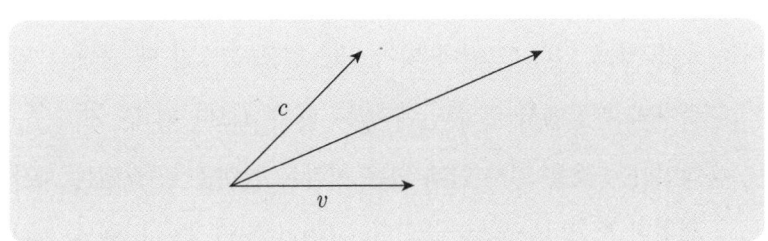

그림 22　빛이 45° 위로 향할 때 빛의 속도 c와 열차의 속도 v의 합

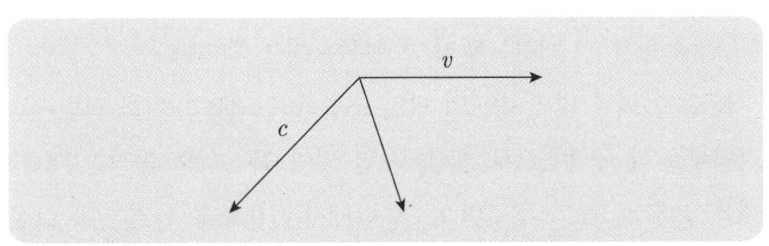

그림 23　빛이 45° 아래로 향할 때 빛의 속도 c와 열차의 속도 v의 합

유사하게 그림 21에 주어진 길이 $\tilde{l}_2$는 그림 23과 같이 '빛이 45°로 아래로 향할 때 빛의 속도 c와 열차의 속도 v의 합(두 속도가 이루는 평행사변형의 대각 선분)에 대응되는 길이'라고 생각할 수 있다.

정리하면 플랫폼 위에서 빛이 45°로 거리 d를 올라갈 때는 플랫폼 위의 관측자의 관점에서 열차 안에 있는 빛은 d보다, 아니 l_1보다 더 먼 거리 $\tilde{l}_1$을 올라가고, 플랫폼 위에서 빛이 45° 각도로 거리 d를 내려올 때는 플랫폼 위의 관측자의 관점에서 열차 안에 있는 빛은 d보다 더 짧은 거리 $\tilde{l}_2$를 내려온다. 우리는 KTX가 경우 1과 같이 만약 빛의 속도의 반인 초속 15만 킬로미터로 달린다면 빛이 45° 위로 움직일 때이든 45° 아래로 움직일 때이든 플랫폼 위에서 1초가 흐르면 KTX 안에서는 0.87초가 각각 흘러야만 한다는 것을 알고 있다. 그런데 빛이 45° 위로 움직일 때 플랫폼 위의 관측자의 관점에서 열차 안에 있는 빛이 d보다 더 먼 거리 $\tilde{l}_1$을 움직인다는 것은 열차 안에 있는 시간은 플랫폼 위에 있는 시간보다 **천천히** 흐른다는 것을 뜻한다. 그리고 빛이 45° 아래로 움직일 때 플랫폼 위의 관측자의 관점에서 열차 안에 있는 빛이 d보다 더 짧은 거리 $\tilde{l}_2$를 움직인다는 것은 열차 안에 있는 시간은 플랫폼 위에 있는 시간보다 **빨리** 흐른다는 것을 의미한다.

KTX가 만약 빛의 속도의 반인 초속 15만 킬로미터로 달린다고 가정했을 때 구체적으로 계산해보면 빛이 45° 위로 움직일 때 플랫폼 위에서 1초가 흐르면 KTX 안에서는 0.58초가 흐른다. 그렇지만 빛이 45° 아래로 움직일 때 플랫폼 위에서 1초가 흐르면

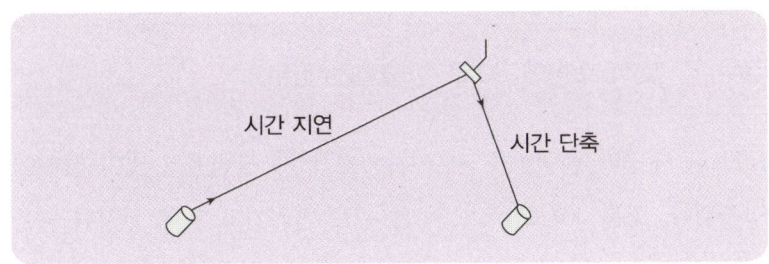

그림 24 플랫폼 위의 빛이 45°로 오를 때는 플랫폼 위에 서 있는 관측자에게 열차 안의 빛은 d보다 더 먼 거리를 비스듬하게 오르고, 45°로 내려올 때는 d보다 더 짧은 거리를 내려온다. 따라서 움직이는 열차 안에 있는 시계는 플랫폼 위에 있는 시계에 비해 한 편으로는 천천히 흐르고 다른 한 편으로는 빨리 흐른다.

KTX 안에서는 1.28초가 흐른다. (이에 대한 계산은 빛이 똑바로 위로 움직일 때보다 조금 더 복잡하다. 세부적인 도출 과정은 《The Essence of the Universe》를 참조하기 바란다.) 즉, 빛이 45° 위로 움직일 때는 '시간 지연 현상'이 일어나지만 빛이 45° 아래로 움직일 때는 시간 지연 현상의 반대인 '시간 단축 현상'이 일어난다고 할 수 있다(그림 24)!

이건 터무니없는 일이다! 한 관성계 안에서의 시간은 한결같이 균일하게 흘러야 하는데 어떻게 한 열차 안에서 똑같은 빛이 똑같은 거리를 움직이는 시간을 똑같은 시계로 쟀는데도 불구하고 한 순간은 시간이 천천히 흐르고 다른 한 순간은 빨리 흐를 수가 있는가. 이렇게 말도 안 되는 일이 일어나는 이유는 무엇일까? 그것은 "빛의 궤적은 보통 물체의 궤적을 항상 따른다."는 잘못된 생각 때문이다. 빛의 궤적은 질량이 0이 아닌 보통 물체의 궤적을 항상 따르지 않는다. 각도를 조금 더 줄여서 빛이 수평에 30°로 방출되는 경우를 살펴보자.

경우 3 빛이 수평에 30°로 방출되는 경우

KTX가 대구역 플랫폼을 지나치는 순간 두 광원에서 빛이 동시에 방출된다. 빛은 30°로 비스듬하게 위로 올라가고 위에 설치된 거울에 반사되어 다시 30°로 비스듬하게 광원으로 내려간다(그림 25).

플랫폼 위에 서 있는 관측자의 관점에서 플랫폼 위에서 방출된 빛은 당연히 30°로 비스듬하게 올라갔다가 30°로 비스듬하게 내려오는 것을 보게 된다. 만약 빛의 궤적이 보통 물체의 궤적을 따른다면 이 관측자가 움직이고 있는 KTX 쪽으로 눈을 돌렸을 때 KTX 안에 있는 빛의 궤적은 어떻게 보일까? 다음 페이지의 공간에 독자가 유추한 내용을 그려보기 바란다.

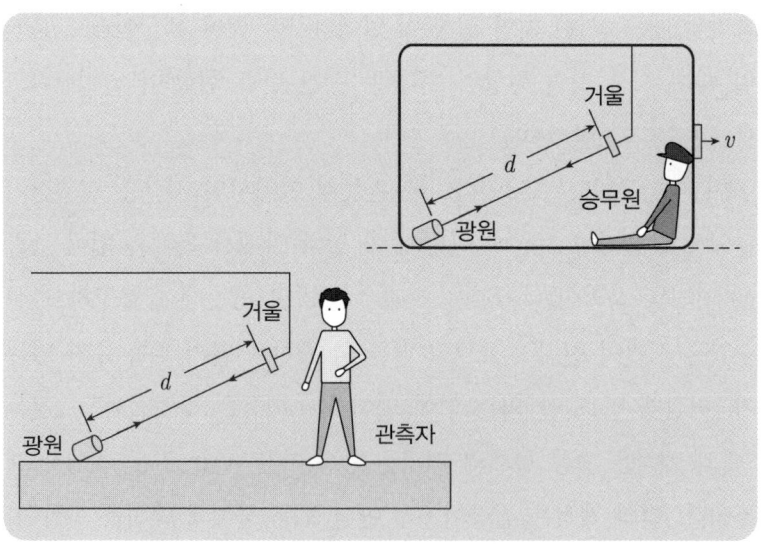

그림 25 플랫폼 위와 등속 직선 운동을 하는 열차 안에서 빛이 수평에 30° 각도로 방출된다. 플랫폼 위에 서 있는 한 관측자가 두 빛의 운동을 지켜보고 있다.

정답을 확인해보자. 만약 빛의 궤적이 일반 물체의 궤적을 따른다면 그림 26과 같은 모습을 가진다.

KTX가 만약 빛의 속도의 반인 초속 15만 킬로미터로 달린다면 플랫폼 위의 빛이 30° 위로 움직일 때 플랫폼 위에서 1초가 흐르면 KTX 안에서는 0.53초가 흐른다. 하지만 빛이 30° 아래로 움직

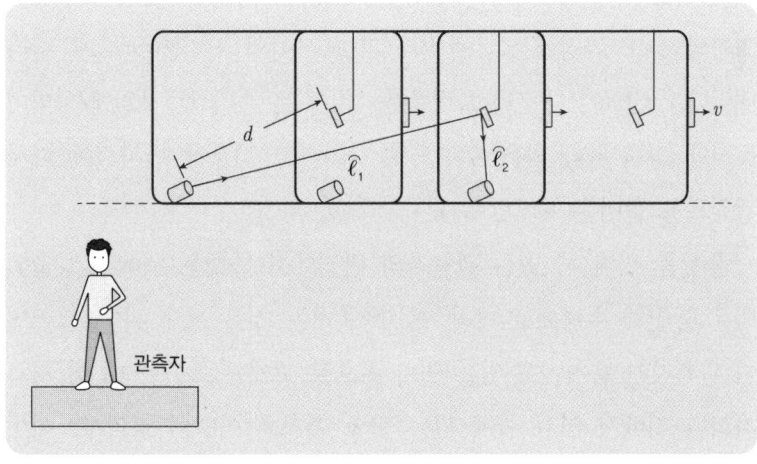

그림 26   플랫폼 위에 서 있는 관측자의 관점에서 움직이는 열차 안의 빛은 그림 21의 경우보다 더욱 긴 거리를 비스듬하게 올라갔다가 더욱 짧은 거리를 사선형태로 내려오는 것으로 보인다.

일 때 플랫폼 위에서 1초가 흐르면 KTX 안에서는 1.41초가 흐른다. 즉, 빛이 30° 위로 움직일 때는 '시간 지연 현상'이 일어나지만 빛이 30° 아래로 움직일 때는 '시간 단축 현상'이 일어난다.

마지막으로 각도를 계속 줄여서 빛이 열차와 수평 방향으로 방출되는 극한 경우를 살펴보자. 이 극한 경우가 바로 1905년 아인슈타인이 시간 지연 효과(특수 상대성 이론)를 도출하기 위해 사용한 사고 실험이며, 시간 지연 현상과 길이 수축 현상을 수식으로 나타내어 주는 '로렌츠 변환'을 유도할 때 사용한 방법이다.

경우 4 빛이 수평으로 방출되는 경우(아인슈타인의 사고 실험과 동일)

대구역 플랫폼 위에서뿐만 아니라 등속도 v로 대구역으로 들어오는 KTX 열차의 바닥에 광원과 거울이 설치되어 있다. 물론 광원에서 거울까지의 거리는 d이다. (아인슈타인의 사고 실험과 로렌츠 변환의 유도 과정에서는 광원과 거울 사이의 거리를 x'으로 나타내었다.) KTX가 대구역 플랫폼을 지나치는 순간 두 광원에서 빛이 동시에 방출된다. 빛은 수평으로 나아가고 거울에 반사되어 다시 광원으로 돌아온다(그림 27).

플랫폼 위에 서 있는 관측자의 관점에서 플랫폼 위에서 방출된 빛은 당연히 수평으로 거리 d를 왕복하는 것을 보게 된다. 그러면 이 관측자가 움직이고 있는 열차 쪽으로 고개를 돌렸을 때 이 관측자의 관점에서 열차 안에 있는 빛의 궤적은 어떻게 보일까? 이미 짐작했겠지만 만약 빛의 궤적이 보통 물체의 궤적을 따른다면 그림 28과 같이 오른쪽 방향으로 긴 거리를 이동하고 왼쪽 방향으로 짧

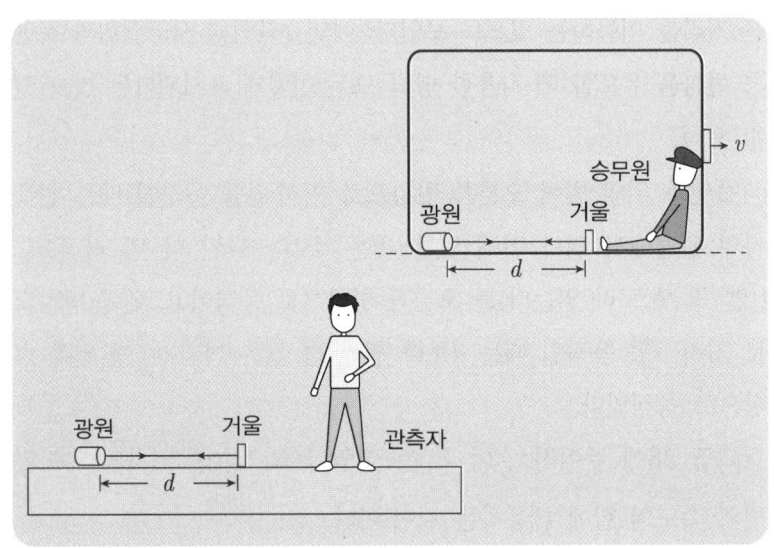

그림 27 플랫폼 위와 등속 직선 운동을 하는 열차 안에서 빛이 수평으로 방출된다. 플랫폼 위에 서 있는 한 관측자가 두 빛의 운동을 지켜보고 있다.

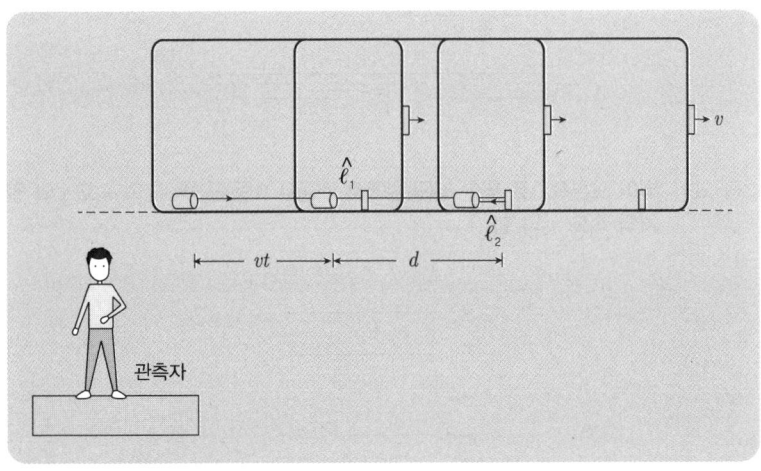

그림 28 플랫폼 위에 서 있는 관측자의 관점에서 움직이는 열차 안의 빛은 오른쪽 방향으로 거리 d보다 더 긴 거리를 갔다가 왼쪽 방향으로 거리 d보다 더 짧은 거리를 움직인 것으로 보인다.

은 거리를 이동하는 것으로 보인다. 아인슈타인의 사고실험과 로렌츠 변환을 유도할 때 사용한 방법 모두 이렇게 표시된다는 것을 알 수 있다.

플랫폼 위의 빛이 오른쪽 방향으로 거리 d를 움직일 때는 관측자의 관점에서 열차 안에 있는 빛은 d보다 훨씬 더 먼 거리 $\hat{\ell}_1$('엘 원 해트'라 읽는다)를 오른쪽 방향으로 움직이고, 왼쪽 방향으로 거리 d를 움직일 때는 d보다 훨씬 더 짧은 거리 $\hat{\ell}_2$를 왼쪽 방향으로 움직인다.

그림 28에 주어진 길이 $\hat{\ell}_1$는 그림 29와 같이 '열차의 속도와 빛의 속도의 합에 대응하는 길이'이다.

유사하게, 그림 28에 주어진 길이 $\hat{\ell}_2$는 그림 30과 같이 '열차의 속도와 빛이 왼쪽 방향으로 움직일 때의 빛의 속도의 합에 대응하

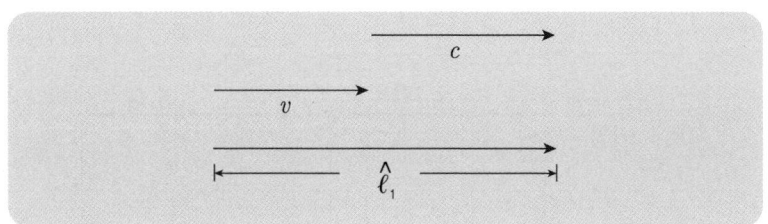

그림 29   빛이 오른쪽으로 향할 때(광원에서 거울로 이동할 때) 빛의 속도 c와 열차의 속도 v의 합

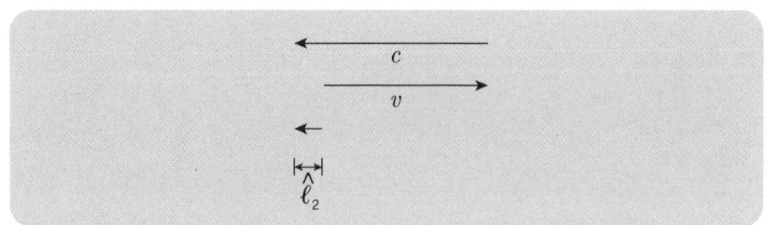

그림 30   빛이 왼쪽으로 향할 때(거울에 반사되어 광원으로 되돌아갈 때) 빛의 속도 c와 열차의 속도 v의 합

는 길이'이다.

KTX가 만약 빛의 속도의 반인 초속 15만 킬로미터로 달린다면 빛이 오른쪽 방향으로 움직일 때 플랫폼 위에서 1초가 흐르면 KTX 안에서는 0.50초가 흐른다. 하지만 빛이 왼쪽 방향으로 움직일 때 플랫폼 위에서 1초가 흐르면 KTX 안에서는 1.50초가 흐른다. 빛이 오른쪽 방향으로 움직일 때는 '시간 지연 현상'이 일어나지만 빛이 왼쪽 방향으로 움직일 때는 '시간 단축 현상'이 일어난다(그림 31).

하나의 고정된 관성계인 열차 안에서 똑같은 빛이 똑같은 거리를 움직이는 시간을 똑같은 시계로 쟀는데도 불구하고 한 순간은 시간이 천천히 흐르고(빛이 오른쪽으로 거리 d를 움직이는 동안), 다른 한 순간은 시간이 빨리 흐른다(빛이 왼쪽으로 똑같은 거리 d를 움직이는 동안)는 것은 있을 수 없는 일이다. 시간 지연 현상이란 서로 다른 속도로 움직이는 두 관성계 사이에 일어나는 현상을 의미하는 것이지 한 관성계 내에서 시간의 흐름이 다르게 나타난다는 것을 의미하는 것은 아니다.

이 모순은 빛의 궤적은 보통 물체의 궤적을 항상 따른다는 잘못된 생각 때문에 일어났다. 따라서 경우 1의 사고 실험에서 플랫폼 위에 서 있는 관측자의 관점에서 그려진 빛의 궤적(그림 16)은 옳

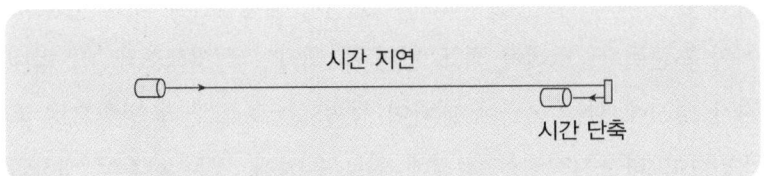

그림 31　플랫폼 위의 빛이 오른쪽 방향으로 움직일 때는 플랫폼 위에 서 있는 관측자에게 열차 안의 빛은 d보다 훨씬 더 먼 거리를 이동하여 시간 지연 현상이 일어나고, 왼쪽 방향으로 움직일 때는 d보다 훨씬 더 짧은 거리를 이동하여 시간 단축 현상이 일어난다.

지 않다. 움직이는 물체에 시간 지연 효과를 유도하기 위하여 전공 교과서나 이에 관련한 일반 서적에서 사용되는 사고 실험(경우 1)은 결국 적합한 방법이 아닐 뿐만 아니라, 사실 시간 지연 현상은 일어나지 않는다고 할 수 있다.

아인슈타인의 사고 실험과 로렌츠 변환이 시간 지연 현상을 설명하는 데 적합하지 않은 이유

그렇다면 아인슈타인의 사고 실험과 로렌츠 변환을 유도하기 위하여 사용한 방법은 어떨까? 이에 대한 답은 두 방법 모두 움직이는 물체의 시간 지연 현상을 설명하는 데 적절치 않다는 것이다. 그 이유를 다루기 전에 먼저 '로렌츠 좌표 변환'이란 무엇인지 개략적으로 살펴보자. 한 관성계가 다른 관성계에 대해 등속도 v로 움직이고 이 관성계에서 어떤 물체의 운동이 일어났을 때 이 물체의 시간과 위치의 좌표는 각 관성계의 관점에 따라 다르다. '좌표 변환'이란 이 두 다른 관성계 사이를 연결해준다. 즉, 한 관성계의 좌표를 다른 관성계의 좌표에 대하여 방정식을 이용하여 기술할 수 있다는 뜻이다.

조금 어려운 관념일 수 있으나 움직이는 자(ruler)를 비유로 들어 가장 간단하고, 가장 먼저 소개되었으며, 갈릴레이의 속도 덧셈 법칙이 도출된 '갈릴레이 좌표 변환'에 대하여 설명해보자. 긴 막대자가 정지해 있는 독자에 대하여 등속도 v로 오른쪽 방향으로 움직인다고 하자. (독자는 정지해 있는 관성계, 자는 독자에 대하여 속도 v로 움직이는 관성계라고 볼 수 있다.) 그리고 자 위에 검은 점이 다음과 같이 표시되었다고 하자.

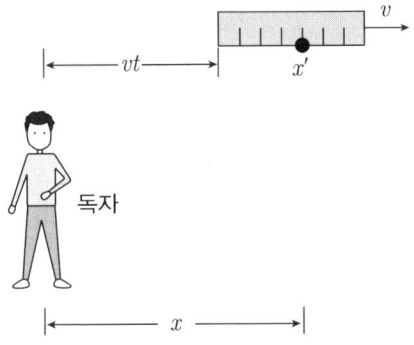

자의 관점에서 검은 점의 위치는 x'이다. 즉, 자의 원점(자의 왼쪽 끝점)에서 검은 점까지의 거리가 x'이다. 자의 한 눈금을 1센티미터로 두면 $x'=4$센티미터가 된다. 그러면 서 있는 독자의 기준에서 검은 점의 위치는 어떻게 주어지는가? 자는 속도 v로 움직이기 때문에 독자의 입장에서 시간 t가 흐른 후($t=0$일 때 자의 원점은 독자가 서 있는 곳 바로 위에 있었다고 가정함) 검은 점의 위치는 $x=vt+x'$이 된다. 이 식은 '좌표 x를 좌표 x'에 대하여 나타내었다'고 말한다. 또한 vt를 이항하여 $x'=x-vt$라고 쓸 수 있기 때문에 이 식은 '좌표 x'을 좌표 x에 대하여 나타내었다'고 말한다. 이 관계를 **위치**에 대한 갈릴레이 좌표 변환이라 부른다. 예를 들어 보자. 누가 집어던졌는지는 모르겠지만 자가 초속 10센티미터로 날아간다면 1초 후에 독자의 관점에서 검은 점의 위치는 10cm/초 × 1초 + 4cm = 14cm가 된다. 반면에 자의 관점에서 검은 점의 위치는 14cm − 10cm/초 × 1초 = 4cm가 된다. **시간**에 대한 갈릴레이 좌표 변환은 서 있는 독자의 시간(t)이나 움직이는 자의 시간(t')이나 똑같이 취급하므로 등식 $t=t'$으로 둔다.[4] 이렇게 좌표 변환은 한 물체의 위치나 시간을 한 관성계의 좌표에서 다른 관성계의 좌표로 바꿀 수 있게 해준다.

그런데 좌표 변환이 가져야 하는 중요한 속성이 하나 있다. 물리법칙은 모든 관성계에서 똑같기 때문에 좌표 변환을 하기 전의 운동 방정식의 형태와 좌표 변환을 한 후의 운동 방정식의 형태는 동일해야 한다는 것이다. 공은 중력과 무관하게 등속도로 움직인다고 가정하고 열차 안에서 공을 갖고 노는 어린아이의 가상적인 예를 상기해보자. 열차가 정지했을 때 똑바로 위로 올라가는 공의 운동을 방정식으로 나타내면 '거리 = 속도 × 시간'이다. 이 운동 방정식에 좌표 변환을 하더라도 위와 같은 형태의 운동 방정식이 나와야 한다는 것이다. 왜냐하면 열차가 속도 v로 움직일 때도 정지해 있을 때와 같이 공은 똑바로 위로 올라가기 때문이다.

뉴턴의 운동 제2법칙은 잘 알려져 있다.[5] 이 법칙은 공중에서 낙하하는 돌의 움직임, 대포에서 발사된 포탄의 움직임 등 물체의 운동을 정밀하게 설명한다. 뉴턴의 운동 제2법칙에 갈릴레이 좌표 변환을 적용해보면 정지한 관성계이든 등속도로 움직이는 관성계이든 동일한 형태의 방정식으로 표시된다. 이를 "뉴턴의 운동 제2법칙은 갈릴레이 좌표 변환에 불변이다."라고 말한다. 하지만 전자기파의 움직임, 전자기파의 운동을 나타내는 맥스웰의 파동 방정식에 갈릴레이 좌표 변환을 적용하면 동일한 형태로 표시되지 않는다.[6] 즉, 빛의 운동에 대해서는 갈릴레이 변환이 적합하지 않다는 것이다.

이 결점을 보완하기 위해 나온 변환이 바로 로렌츠 좌표 변환이다.[7] 맥스웰의 파동 방정식에 로렌츠 변환을 적용하면 정지한 관성계이든 등속도로 움직이는 관성계이든 동일한 형태의 파동방정식이 나온다. 변환을 하더라도 같은 모양을 갖는 파동방정식이 나오도록 갈릴레이 변환을 수정·보완한 것이 바로 로렌츠 변환이라고 할 수 있다.

이 변환은 아인슈타인이 특수 상대성 이론을 발표하기 몇 년 전에 로렌츠가 제시하였다. 사실 이 변환으로부터 움직이는 물체의 시간 지연 효과와 길이 수축 효과를 유도할 수 있는데 그 당시에는 아쉽게도 로렌츠 변환에 이런 현상과 의미가 내포되었다는 것을 인식하지 못하였다. 아인슈타인은 특수 상대성 원리와 광속도 불변의 원리를 전제 조건으로 두고 '사고 실험'을 통해 로렌츠 변환과 동일한 식을 유도하고 그 의미를 재발견했다고 볼 수 있다.

아인슈타인의 사고 실험 과정(1905년에 발표한 논문)과 로렌츠 변환 유도 과정은 경우 4의 실험과 기본적으로 동일하다는 것을 알 수 있다. 시작할 때의 세팅이나 접근 방법은 약간 다르지만 두 방법을 각각 분석해보면(《The Essence of the Universe》 참고) 결국 모두 다음 과정을 거치고, 그림 32와 같은 상황으로 귀결되며, 똑같은 결과를 도출한다. 한 관성계는 정지해 있는 관성계에 대해 속도 v로 움직이고, 움직이는 관성계 안에서 빛은 수평으로 방출되어 그림 27과 같이 거리 x'(이 책에서는 거리 d라고 표시하였음)을 왕복한다. 빛의 궤적은 보통 물체의 궤적을 따르는 것으로 가정하였다.

그림 32에서 왼쪽 부분은 빛이 오른쪽 방향으로 움직일 때 정지해 있는 관측자의 관점에서의 빛의 궤적이고, 오른쪽 부분은 빛이 왼쪽 방향으로 움직일 때 정지해 있는 관측자의 관점에서의 빛의 궤적이다.[8]

위의 빛의 궤적은 다음과 같이 보통 물체의 궤적을 따르는 것에

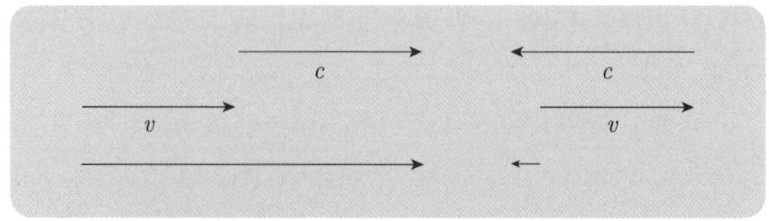

그림 32   1905년에 발표한 아인슈타인의 사고 실험과 로렌츠 변환의 유도 과정에서 움직이는 관성계 안의 빛이 오른쪽과 왼쪽 방향으로 움직일 때 정지해 있는 관성계의 관점에서의 빛의 궤적이라고 할 수 있다. 한편으로는 x'보다 길고 한편으로는 x'보다 짧다.

비유할 수 있다. 시속 5킬로미터로 움직이는 무빙워크 위에 여행가방을 끌며 시속 7킬로미터로 바삐 걷는 사람이 있다면, 무빙워크 옆에 서 있는 공항직원에게 그 사람은 시속 12킬로미터로 움직이고 1시간 후에는 12킬로미터를 이동한 것으로 보인다(아래의 그림 왼쪽). 만약 그 사람이 뒤돌아서서 무빙워크가 움직이는 방향을 거슬러 시속 7킬로미터로 걷는다면 무빙워크 옆에 서 있는 공항직원에게 그 사람은 시속 2킬로미터로 움직이고 1시간 후에는 2킬로미터를 이동한 것으로 보인다(아래의 그림 오른쪽).

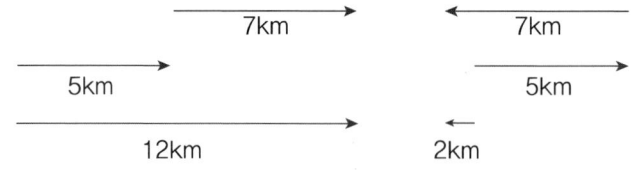

빛이 오른쪽 방향으로 움직일 때는 시간 지연 현상이 일어나 움직이는 관성계의 시간이 천천히 흐르고, 빛이 왼쪽 방향으로 움직일 때는 시간 단축 현상이 일어나 움직이는 관성계의 시간이 빨리

흐른다. 그런데 아인슈타인의 사고 실험과 로렌츠 변환 유도 과정에서는 이 둘을 무의식적으로 똑같이 취급하고 단순히 이 둘을 합한다든지 하여 시간 지연 현상이라는 결과를 도출했다. 즉, 빛이 오른쪽 방향으로 움직일 때는 움직이는 관성계의 시계가 천천히 '똑~딱~'거리고 빛이 왼쪽 방향으로 움직일 때는 그 똑같은 시계가 빨리 '똑딱'거리는데도 아무런 구분 없이, 그 차이를 인식 못하고 모든 실험을 진행했다는 것이다. [구체적으로 속도 v로 움직이는 관성계에서 빛이 오른쪽 방향으로 거리 x'을 이동하는 데 걸린 시간은 $t' = x'/c$이 되고 정지해 있는 관측자의 관점에서 빛이 이동하는 데 걸린 시간은 $t = x'/(c-v)$이 된다. 반면에 속도 v로 움직이는 관성계에서 빛이 거울에 반사되어 왼쪽 방향으로 거리 x'을 이동하는 데 걸린 시간은 $t' = x'/c$이 되고 정지해 있는 관측자의 관점에서 빛이 이동하는 데 걸린 시간은 $t = x'/(c+v)$이 된다는 것을 알 수 있다.[9] 따라서 빛이 우측으로 움직일 때는 $t > t'$이 되고 빛이 좌측으로 움직일 때는 $t < t'$이 되어 움직이는 한 관성계 내에서 빛이 우측으로 움직일 때는 시간이 천천히 흐르고 빛이 좌측으로 움직일 때는 시간이 빠르게 흐르는 말도 안 되는 일이 일어난다.]

이는 티셔츠를 파는 상점의 한 점원이 창고에 사이즈가 'L'인 큰 티셔츠와 사이즈가 'S'인 작은 티셔츠가 있는데 재고를 직접 확인도 하지 않고 사이즈가 같은 두 티셔츠가 창고에 있다고 고객에게 장담하는 상황에 비유할 수 있다. 그리고 이 책의 시작 부분에 시간 지연 효과는 잘게 부순 얼음에 무의식적으로 케첩을 섞어 만든 팥빙수와 같다고 한 이유가 여기에 있다. 결국 아인슈타인의 방법과 로렌츠 변환은 시간 지연 효과를 유도하는 데 적합하지 않은 방법이라고 할 수 있다.

사고 실험에 잘못된 개념이 내재되었다는 것을 더욱 명백하게 해주는 다음 경우를 살펴보자.

경우 5 빛이 수직과 수평으로 동시에 방출되는 경우

대구역으로 들어오는 KTX 열차의 바닥에 빛을 동시에 수직과 수평방향으로 방출할 수 있는 광원과 이 광원으로부터 거리 d에 있는 천장과 바닥에 거울이 각각 설치되어 있다. KTX가 등속도 v로 대구역 플랫폼을 지나치는 순간 광원에서 두 개의 빛이 동시에 방출된다. 빛은 수직과 수평방향으로 각각 나아가 거울에 도착한다.

플랫폼 위에 서 있는 관측자의 관점에서 열차 안에 있는 두 빛의 궤적은 어떻게 보일까? 먼저 천장을 향해 수직으로 발사된 열차 안의 빛은 경우 1처럼 관측자에게 45°로 비스듬하게 거리 ℓ_1을 올라가는 것으로 보이고, 바닥에 있는 거울을 향해 수평으로 발사된 열차 안의 빛은 경우 4처럼(또한 로렌츠 변환, 아인슈타인의 사고

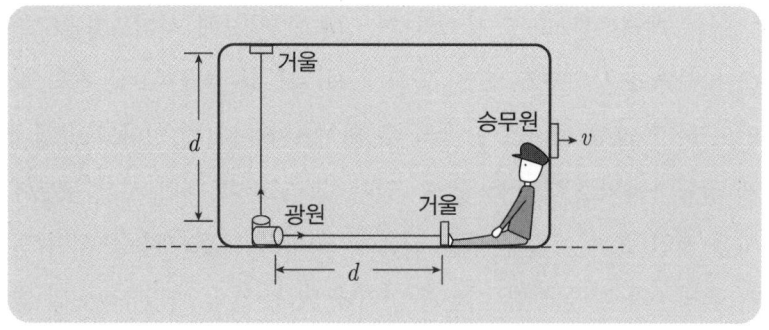

그림 33 등속 직선 운동을 하는 열차 안에서 두 빛이 수직과 수평으로 동시에 방출된다.

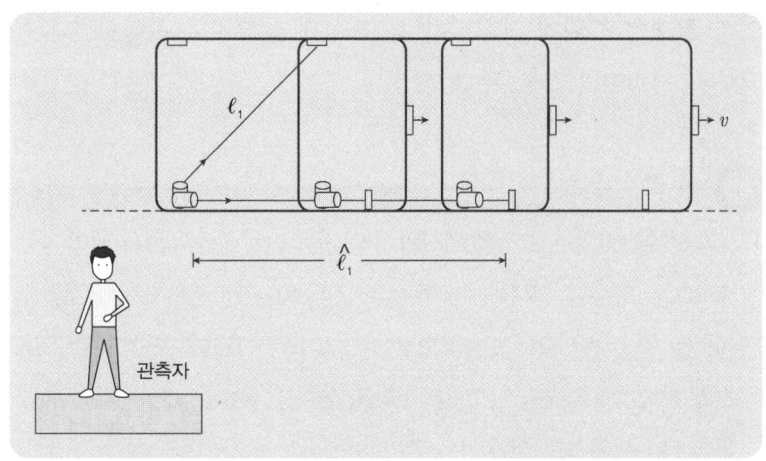

그림 34 플랫폼 위에서 두 빛의 운동을 지켜보고 있는 관측자의 관점에서 움직이는 열차 안의 두 빛은 하나는 45°로 비스듬하게 거리 ℓ_1을 올라가는 것으로 보이고 다른 하나는 수평인 오른쪽 방향으로 ℓ_1보다 더 먼 거리 $\hat{\ell}_1$를 움직이는 것으로 보인다.

실험처럼) 관측자에게 수평으로 긴 거리 $\hat{\ell}_1$을 나아가는 것으로 보인다(그림 34).

그런데 대각 선분의 길이 ℓ_1은 수평 선분의 길이 $\hat{\ell}_1$보다 작다. 이는 KTX가 만약 빛의 속도의 반인 초속 15만 킬로미터로 달린다면 플랫폼 위에서 1초가 흐르는 동안 KTX 안에서는 0.87초와 0.50가 동시에 흘러야 한다는 것을 의미한다. 그러면 플랫폼 위에 서 있는 관측자나 열차 안에 탑승하고 있는 승무원은 어느 장단에 맞추어 춤을 추어야 하나? 이처럼 만약 빛의 궤적이 보통 물체의 궤적을 따른다면 모순에 빠진다는 것을 알 수 있다. 결국 시간 지연 현상을 설명하기 위해 전공 교과서나 일반 서적에서 다루는 사고 실험에서 나타낸 빛의 궤적(그림 16)은 옳지 않다. 빛을 갈릴레이의 상대성 원리에 포함시켜 특수 상대성 원리로 확장시킨 것은 잘못된 결정이라고 할 수 있다.

핵심 4

아인슈타인의 사고 실험에서와 같이 움직이는 관성계에서 빛이 수평으로 거리 d를 왕복하는 경우 밖에 정지해 있는 관측자가 이 빛의 궤적을 관측하면 빛이 오른쪽으로 움직일 때는 d보다 훨씬 더 먼 거리를 이동하는 것으로 보이고, 빛이 왼쪽으로 움직일 때는 d보다 훨씬 더 짧은 거리를 이동하는 것으로 보인다.

이것은 한편으로는(오른쪽으로 움직일 때) 움직이는 기차 안의 시간이 천천히 흘러 '시간 지연 현상'이 일어나고 다른 한편으로는(왼쪽으로 움직일 때) 움직이는 기차 안의 시간이 빨리 흘러 '시간 단축 현상'이 일어난다는 것을 의미한다.

이처럼 만약 빛의 궤적이 보통 물체의 궤적을 따른다면 모순에 빠진다. 따라서 교과서에 주로 등장하는 사고실험(경우 1)뿐만 아니라 아인슈타인의 사고 실험과 로렌츠 변환은 시간 지연 현상을 설명하는 데 적합하지 않은 방법이라고 할 수 있다.

수수께끼의 정답

오른쪽 성냥개비 3개를 왼쪽의 정삼각형 위에 다음과 같이 피라미드 형태(3차원 공간의 정사면체)로 놓는다.

시간의 절대성에 대한 증명

* * *

　　　　　　　　이제 시간의 흐름은 관측자의 관점에 따라 달라지는 것이 아니라, 정지해 있는 장소이든 등속도로 움직이고 있는 장소이든 똑같다는 것에 대한 엄밀한 증명을 제시하고자 한다. 증명을 한다고 하면, 특히 수학 증명을 다룬다고 하면 많은 사람들이 갑자기 몸에 두드러기가 나는 것 같고 머리가 지끈거리고 온몸이 뻐근해진다고 하는데 두려워할 것 없다. 어릴 때 배운 '거리 공식'만 이해하면 아주 가볍게 다룰 수 있다. 경우 1의 상황을 다시 보자.

　대구역 플랫폼 바닥에 광원과 거울이 설치되어 있고 그 옆에 한 관측자가 서 있다. 광원과 거울 사이의 수직 거리는 d이다. KTX 열차 안에도 광원과 거울이 객차의 바닥과 천장에 설치되어 있다. 열차가 정지해 있을 때 광원과 거울까지의 높이를 d라고 하고 등속도 v로 대구역으로 들어올 때는(움직일 때는) 광원과 거울까지의 높이를 d'이라고 하자. 열차가 속도 v로 대구역 플랫폼을 지나치는 순간 두 광원에서 빛이 동시에 방출된다. 그리고 빛은 곧장 위로 전파되고 위에 설치된 거울에 도착한다(그림 35).

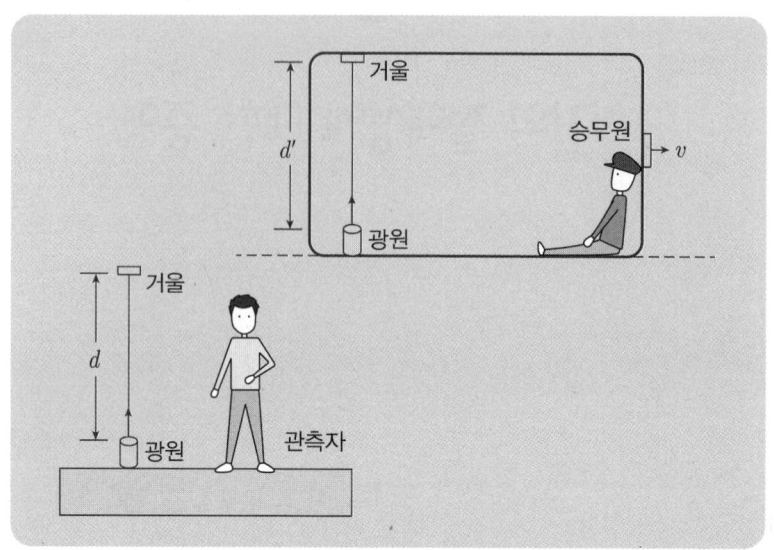

그림 35 플랫폼 위와 등속 직선 운동을 하는 열차 안에서 빛이 똑바로 위로 방출된다. 플랫폼 위에 한 관측자가 서 있다.

플랫폼 위에 서 있는 관측자는 이번엔 웬일인지 고개를 움직이는 열차 쪽으로 돌리지 않고 오직 플랫폼 위에서 발사된 빛과 자신이 차고 있는 시계만 줄기차게 쳐다보고 있다고 하자. 고맙게도 저자의 마음을 미리 읽은 것 같기도 하다.

정리 1 등속도로 움직이더라도 시간 지연은 일어나지 않는다.

증명 플랫폼 위에서 빛이 수직 거리 d를 이동하면 이동하는 데 걸리는 시간이 있다. 이를 t로 나타내자. 그러면 빛의 속도는 c이기 때문에 '거리 공식'에 의해서 $d = ct$가 된다. 그리고 속도 v로 달리는 KTX 안에서 빛이 수직 거리 d'을 이동하면 이 거리를 이동하는 데 걸리는 시간이 있다. 이를 t'으로 나타내자. 움직이는 열차 안에 앉아 있는 승무원의 관점에서도 빛의 속도는 똑같은 c이기 때문에 '거리 공식'에 의해서 $d' = ct'$이 된다.

하지만 우리 모두는 움직이는 방향에 수직인 방향의 길이는 변하지 않는다는 것을 알고 있고 또 그렇게 받아들이고 있다. 따라서 $d' = d$라고 할 수 있다. 이 사실을 이용하면 $ct = ct'$으로 나타낼 수 있고 c를 양변에서 제거하면 $t = t'$이 성립한다. 즉, 정지해 있는 장소이든, 등속도로 움직이고 있는 장소이든 시간은 똑같이 흘러야 한다.

빛의 속도가 일정하다고 가정하면 움직이는 물체의 시간 지연 현상이 아니라, 위의 정리와 같이 도리어 정지해 있는 장소이든 움직이고 있는 장소이든 시간은 똑같이 흐른다는 것을 보여줄 수 있다.

결론적으로 거의 빛의 속도로 움직이는 입자이든, 매우 빠른 속도로 움직이는 우주선이든, 시속 100킬로미터로 움직이는 기차든, 시속 7킬로미터로 걷고 있는 사람이든, 이들이 각각 등속도로 움직인다면 이들의 시간의 흐름은 정지해 있는 시간의 흐름과 똑같다. 다음 그림과 같이 땅 위에 고정된 울타리를 향해 등속도로 돌진하는 황소의 목에 매달린 시계나 울타리 옆에 고정되어 있는 시계나 모두 똑같은 속도로 '똑딱'거린다는 것이다.

새해부터 선배 승무원인 A는 시속 300킬로미터로 질주하는 KTX에서, 후배 승무원인 B는 시속 100킬로미터로 달리는 무궁화호에서 일하게 되었다. 처음에 선배 승무원 A는 KTX가 무궁화호보다 3배 더 빨리 움직이기 때문에 후배 승무원 B보다 3배 더 젊어질 수 있다는 기대감에 들떴다. 대학교에서 기초 물리학 시간에 배웠던 '움직이는 장소에서의 시간 지연 현상'을 떠올린 것이다. 하지만 몇 달이 지난 지금 실망감을 감추지 못하고 있다. 시속 100킬로미터로 달리는 무궁화호 안이든, 시속 300킬로미터로 질주하는 KTX 안이든 시간은 똑같이 흐른다는 것을 알았기 때문이다. 그래서 선배 승무원 A는 마음을 고쳐먹었다. 앞으로 후배 승무원 B보다 3배 더 미소를 짓기로.

어떤 학자는 이렇게 주장한다. '거리 = 속도 × 시간'이므로 빛의 속도가 항상 일정하다면 시간과 거리 말고는 뭐가 바뀌겠냐고. 우리는 반문한다. 빛의 속도가 일정하기 위하여 왜 꼭 시간과 거리가 바뀌어야 하냐고. 어쩌면 베일에 덮여 아직 드러나지 않은 빛의 특이한 성질이 있을 거라고…. 그럼 이제 그 베일을 벗겨보자.

핵심 5

등속도로 움직이는 관성계나 장소에서 시간 지연 현상은 일어나지 않는다.
즉, 정지해 있거나 등속도로 움직이는 모든 곳의 시계들은 같은 속도로 '똑딱'거린다.

잠시 쉬어 가자

　특수 상대성 이론에 의하면 빛의 속도로 달리는 빛은 전혀 늙지 않는다고 한다. 빛은 한 순간도 정지해 있지 않고 달리고 또 달린다. 우주가 창조된 직후인 137억 년 전부터 계속 달리고 있는 빛도 있다. 그런데 상대성 원리에 의하면 빛은 정지해 있고 우리가 빛의 속도로 달리고 있다고 볼 수 있는데 우리는 왜 팔팔한 젊음을 유지하지 않고 계속 늙어만 가는가? 우리는 왜 언젠가는 죽고 사라지는가? 그건 우리가 잘못 생각하고 있기 때문이다. 빛이 늙지 않는 것은 빨리 달리고 있기 때문이 아니라 에너지이기 때문이다. 에너지는 사라지지 않는다. 빛은 '순수한' 에너지이기 때문에 항상 젊음을 유지하는 것으로 보인다.

　그럼 우리는 왜 늙고 죽고 없어지는가? 아니다. 그것 또한 잘못된 생각이다. 우리 역시 에너지이고 에너지 보존법칙에 의해서 없어지는 것이 아니라 다른 형태로 변형될 뿐이다. 다만, 우리 몸은 먼지나 흙으로 쉽게 변형될 수 있는 형태로 만들어졌을 뿐이다.

　그럼 시간 지연 현상이 일어나지 않는데 빠른 속도로 움직이는 어떤 사람들은 왜 더 젊어지는 것처럼 보일까? 이유는 움직이는 사람은 시간이 천천히 흘러서가 아니라 서 있는 사람에 비해 더 많은 운동에너지를 얻기 때문이다. 운동을 하면 엔도르핀이 생기고 생태 수명의 표지인 텔로미어가 빨리 짧아지지 않는다. 그래서 얼굴에 생기가 넘치고 화색이 돌아 젊어지는 것처럼 보인다.

Part 3

광속도 불변의 근본적인 이유는 무엇일까?

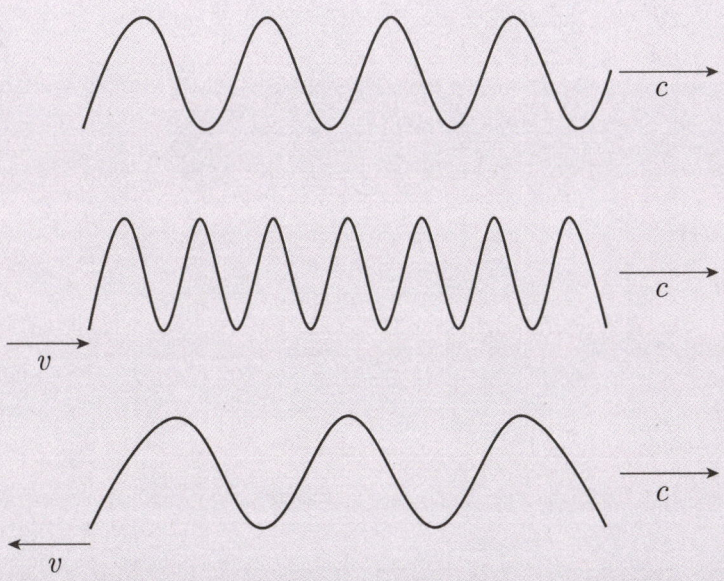

광속도 불변의 근본적인 이유

* * *

관측자나 광원의 운동 상태와 상관없이, 중력이 존재하든 존재하지 않든, 왜 빛의 속도는 일정할까? 그 이유는 아직 드러나지 않은 빛의 특이한 성질에 기인한다. 즉 중력이나 관측자의 속도나 광원의 속도는 단지 빛의 파장에만 영향을 주는 것이다. 아직 아무도 밝히지 못한 그 특이한 성질, 빛의 비밀을 같이 파헤쳐 보도록 하자.

직관에 위배되는 상징적인 두 가지 질문

광속도 불변, 광속도의 일정성과 관련하여 상식적인 속도 계산에 상치되는 중요하면서도 상징적인 질문이 두 가지 있다. 앞에서도 이미 언급하였지만 첫 번째 질문은 "우주선이 등속도 v로 움직이며 속도 c로 빛을 발사했을 때 왜 정지해 있는 관측자는 빛의 속도를 c로 측정할까?"이다. 직관적으로, 서 있는 관측자는 빛의 속도를 $c+v$로 측정할 것 같은데도 말이다. 이를 '$c+v$ 대 c 문제'라고 부르자.

두 번째 질문은 "등속도 v로 움직이는 우주선이 속도 c로 발사된 빛과 같은 방향으로 달릴 때 왜 우주선 안에 탑승한 관측자는 빛의 속도를 c로 측정할까?"이다. 직관적으로, 빛과 평행을 유지하며 달리는 관측자는 분명히 빛의 속도를 $c-v$로 측정할 것 같은데도 말이다. 이를 '$c-v$ 대 c 문제'라고 부르자.

광속도 불변의 근본적인 이유

위의 두 질문에 대한 확실한 답을 찾음으로써 광속도 불변에 대한 근본적인 이유를 알아보자. 중력에 관련되는 사항은 이후에 언급하겠다. 시작하기 전에, 하나의 물체가 일정한 속도로 직선 운동을 하고 있다면 우리는 이를 어떻게 해석할 수 있을까? 이에 대한 답은 정지해 있던 그 물체에 누군가가 그 운동에 상응하는 양 만큼의 일정한 힘을 작용시켰다고(밀었다든지 잡아당겼다든지) 할 수 있다. 만약 독자의 머리 위로 종이비행기가 지나간다면 분명 누군가가 종이비행기를 접은 후 손에 쥐고 힘껏 날렸다는 것이다. 고대 그리스에서는 힘을 계속 주어야 물체가 계속 움직인다고 생각하였지만 지금은 힘을 물체의 운동을 변화시키는 원인으로 보고 있다.

시속 100킬로미터로 달리는 기차 안에서 기차가 달리는 방향으로 시속 30킬로미터로 공을 던졌을 때 서 있는 관측자의 입장에서 공의 속도는 시속 130킬로미터로 측정된다고 했다. 우리는 이를 어떻게 다른 말로 설명할 수 있을까? 그것은 시속 30킬로미터로 움직이는 공에 시속 100킬로미터에 상응하는 양 만큼의 힘이 추가로 작용하여(움직이는 공을 뒤에서 밀어) 공이 앞으로 더욱 밀리면서 속도가 시속 130킬로미터로 빨라졌다고 볼 수 있다.

반면에 빛은 그렇지 않다. 다음과 같은 생각을 해보자.

움직이고 있는 보통 물체를 뒤에서 밀면 물체는 밀려서 더 빨리 움직이는데, 달리는 빛을 뒤에서 밀면 빛은 왜 밀리지 않을까? 보통 물체와 빛 사이에는 어떤 차이가 있을까?

'$c+v$ 대 c 문제'의 해답

먼저 우주선이 지구에 대하여 속도 v로 비행하며 같은 방향인 앞쪽으로 등속도 u'으로 미사일(총알과 같이 추진체가 없다고 가정함)을 발사할 때 지구에 서 있는 관측자가 미사일의 속도를 잰다고 하자(그림 36).

그러면 지구 위에 서 있는 관측자는 미사일의 속도를 $u'+v$으로 측정한다. 왜냐하면 우주선의 속도가 미사일의 속도에 영향을 주기 때문에 관측자의 입장에서 미사일의 속도는 미사일의 속도에

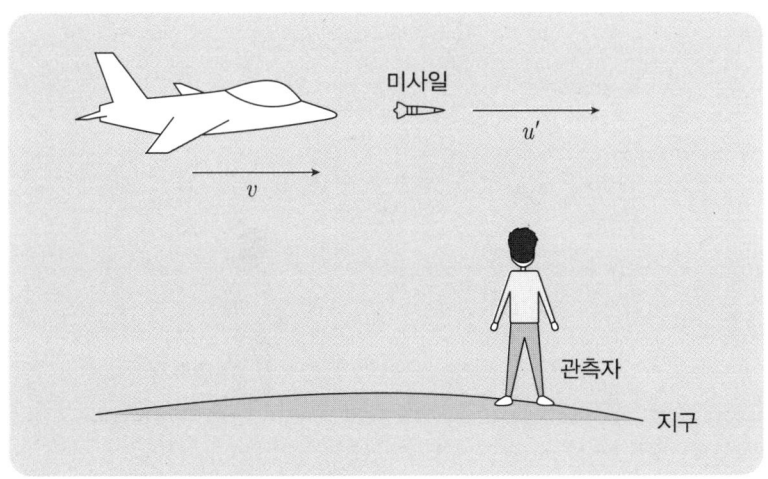

그림 36 속도 v로 비행하는 우주선에서 속도 u'으로 미사일을 발사할 때 지구에 서 있는 관측자가 미사일의 속도를 잰다.

우주선의 속도를 더해주어야 하기 때문이다. 이는 우주선의 속도 v에 상응하는 힘이 속도 u'으로 움직이고 있는 미사일을 오른쪽 방향으로 추가적으로 밀었다고 생각할 수 있다.

이제 '$c+v$ 대 c 문제'를 다루기 위하여 속도 v로 비행하던 우주선이 빛을 우주선과 같은 방향으로 비출 때 지구 위에 서 있는 관측자가 빛의 속도를 측정하는 상황을 생각하자(그림 37). 직관적으로 지구 위에 서 있는 관측자는 빛의 속도를 $c+v$로 측정해야 하지만 수많은 실험 결과들에 의해 그렇지 않다는 것으로 확인되었다. 놀랍게도 빛의 속도는 항상 c로 판명되었다. 왜일까?

왜냐하면 우주선의 속도 v는 빛의 속도에는 영향을 주지 않고 오직 빛의 파장에만 영향을 주기 때문이다!

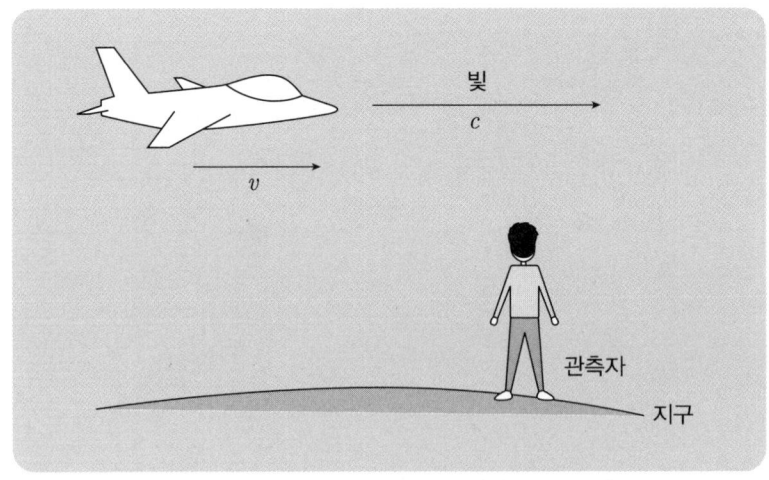

그림 37 속도 v로 비행하던 우주선이 빛을 발사할 때 지구 위에 서 있는 관측자가 빛의 속도를 측정한다.

이는 우주선의 속도 v에 해당하는 힘이 속도 c로 움직이고 있는 빛을 오른쪽 방향으로 추가적으로 밀었다고 생각할 수 있다. 그러나 우주선의 속도는 빛의 속도에는 영향을 주지 못하고 오직 빛의 파장만 줄어들게 만들 뿐이다. 이로 인해 빛의 파동에 에너지가 증가하는 '청색 편이' 현상이 일어난다고 할 수 있다. 따라서 지구 위에 서 있는 관측자는 빛의 속도를 c로 측정한다.

즉 보통 물체와 빛 사이에는 '파동성'에 큰 차이가 있다는 것이다. 보통 물체에서는 파동성이 잘 나타나지 않아 뒤에서 밀면 앞으로 더욱 밀려 속도에 변화가 일어나지만, 빛은 파동이라 뒤에서 밀면 더 이상 밀리지 않고 파장에 변화가 일어난다고 할 수 있다.

그림 38은 우주선의 속도 v에 의해서 영향을 받기 전 빛의 전파 모습을 보여준다. 참고로 파동에는 파동의 전달 방향과 진동 방향이 수직인 '횡파'가 있고, 파동의 전달 방향과 진동 방향이 수평인 '종파'가 있다. 빛은 횡파이고 공기 속에서 전해지는 음파는 종파이다. 이 책에서는 빛의 전파 모습을 그림 38과 같은 형태로 간략하게 나타내도록 하자.

반면에 그림 39는 우주선의 속도에 영향을 받고 난 후 빛이 전파하는 모습을 보여준다. 서 있는 관측자에게 빛의 속도는 같은 c이지만 빛은 속도 v에 해당하는 에너지를 얻어 파장이 줄어든, 즉

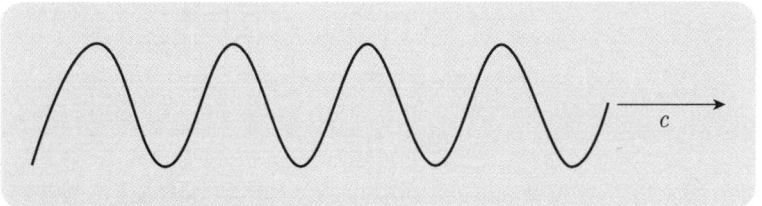

그림 38   어떠한 것에도 영향을 받지 않고 속도 c로 내달리는 빛의 모습

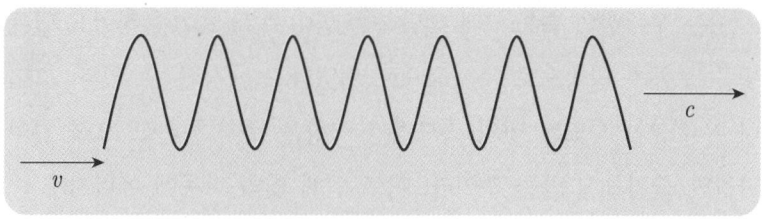

그림 39 같은 방향으로 속도 v에 영향을 받고 난 후 빛이 전파하는 모습

주파수가 증가한 모습을 보인다. (주파수는 1초 동안 진동하는 횟수를 말한다.)

이제 우주선은 반대 방향인 왼쪽으로 지구에 대하여 속도 v로 비행한다고 가정하자. 미사일은 우주선의 뒷부분에 특별히 부착된 장치로부터 오른쪽 방향으로 우주선에 대하여 속도 u'으로 발사되었고 지구 위에 서 있는 관측자는 미사일의 속도를 측정한다고 하자 (그림 40).

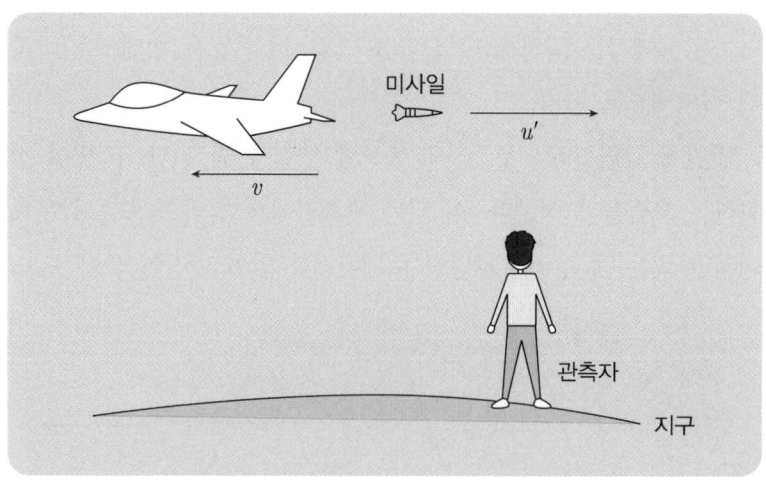

그림 40 왼쪽 방향으로 속도 v로 비행하는 우주선의 후미에서 오른쪽 방향으로 속도 u'으로 미사일을 발사할 때 지구에 서 있는 관측자가 미사일의 속도를 잰다.

그러면 지구 위에 서 있는 관측자는 미사일의 속도를 $u'-v$로 측정한다. 이 경우 우주선의 속도가 미사일을 왼쪽으로 잡아당겼다고 볼 수 있다. 즉, 속도 v에 상응하는 힘이 미사일이 움직이는 반대 방향으로 추가적으로 작용되어 미사일의 속도가 $u'-v$가 되게 만든다고 생각할 수 있다.

앞의 상황에서 미사일을 빛으로 대체하자. 우주선은 왼쪽 방향으로 지구에 대하여 속도 v로 비행을 하고, 빛은 우주선의 뒷부분에서 오른쪽 방향으로 발사되었으며, 지구 위에 서 있는 관측자는 빛의 속도를 측정한다고 하자(그림 41).

이 경우 역시 빛의 속도는 우주선의 속도에 영향을 받지 않는다. 다만 우주선의 속도에 의하여 빛의 파장이 바뀐다. 우주선의 속도 v에 상응하는 힘이 빛을 왼쪽으로 잡아당기고 빛의 파장을 늘어뜨려 에너지가 감소하는 '적색 편이' 현상을 유발한다. 이로 인하여

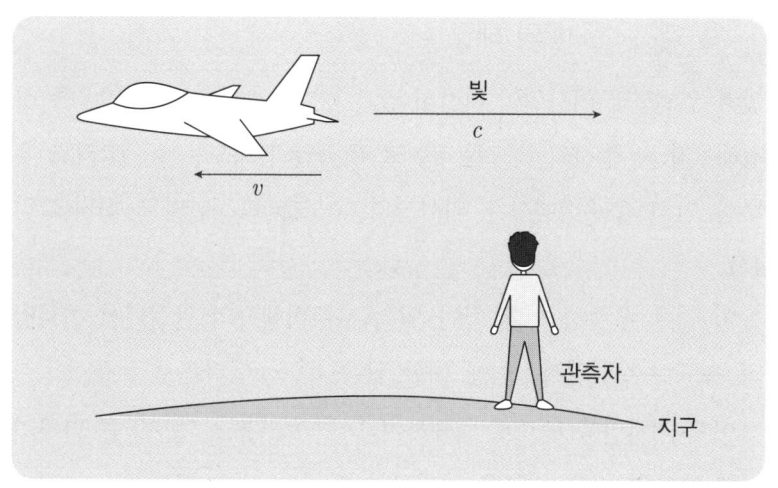

그림 41 왼쪽 방향으로 속도 v로 움직이는 우주선의 후미에서 오른쪽 방향으로 빛을 속도 c로 발사할 때 지구에 서 있는 관측자가 빛의 속도를 잰다.

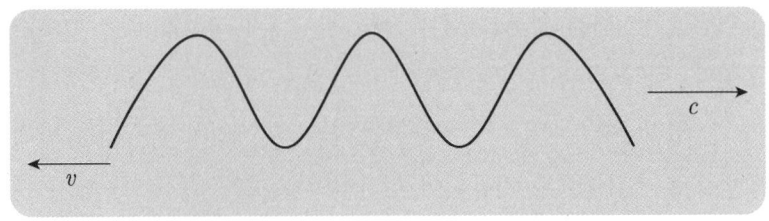

그림 42 반대 방향으로 속도 v에 영향을 받고 난 후 빛이 전파하는 모습

지구 위에 서 있는 관측자는 빛의 속도를 c로 측정한다.

그림 42는 우주선의 속도에 영향을 받고 난 후에 빛이 전파되는 모습을 보여준다. 서 있는 관측자에게 빛의 속도는 같은 c이지만 빛은 우주선의 속도 v에 해당하는 에너지를 잃어 파장이 늘어난, 즉 주파수가 줄어든 모습을 보인다.

이제 상식적으로 이해가 잘 안 되며 가장 까다롭고 심오한 문제를 다루어보자.

'$c-v$ 대 c 문제'의 해답

먼저 우주선과 미사일이 나란히 같은 방향으로 움직이는 경우를 상정해보자. 우주선의 속도는 v이고 미사일의 속도는 u' 그리고 우주선 안의 우주비행사가 미사일의 속도를 측정한다고 하자(그림 43).

이 경우 우주선 안에 앉아 있는 우주비행사의 관점에서 미사일의 속도는 무엇일까? 이에 대한 답은 $u'-v$이다.

이제 미사일을 빛으로 대체하여 '$c-v$ 대 c 문제'를 다루기 위해 다음과 같은 질문을 던져보자.

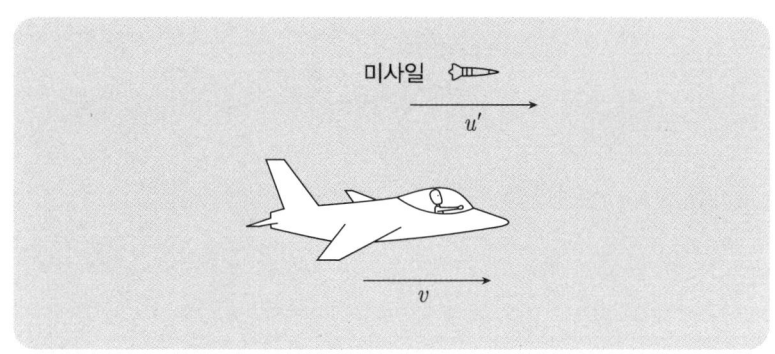

그림 43　속도 v로 날아가고 있는 우주선 안에 앉아 있는 우주비행사는 같은 방향으로 속도 u'으로 움직이는 미사일의 속도를 측정한다.

움직이는 우주비행사가 같은 방향으로 질주하는 미사일의 속도를 측정하는 위의 상황은 무엇과 같다고 할 수 있는가?

그것은 '우주선은 정지해 있고, 미사일이 속도 v로 왼쪽 방향으로 움직이고 동시에 속도 u'으로 오른쪽 방향으로 움직이는데, 정지해 있는 우주비행사가 미사일의 속도를 측정하는 상황'과 같다고 할 수 있다.

즉, 미사일의 속도를 잰다는 관점에서는 그림 43으로 나타낸 상황은 그림 40으로 나타낸 상황과 동일하다!

움직이는 우주선 안에 앉아 있는 우주비행사가 같은 방향으로 날아가는 미사일의 속도를 측정하는 것이나, 지구 위에 서 있는 관측자가 우주선이 움직이는 반대 방향으로 발사된 미사일의 속도를

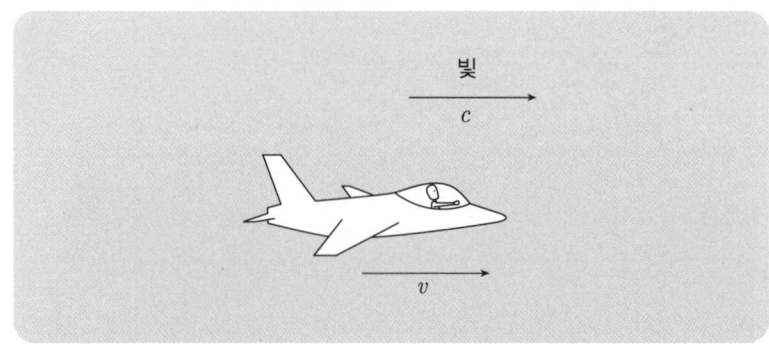

그림 44 속도 v로 움직이고 있는 우주선 안에 앉아 있는 우주비행사는 같은 방향으로 속도 c로 지나가는 빛의 속도를 측정한다.

측정하는 것이나 서로 다르지 않다는 것이다.

이 원리를 염두에 두고 이제 '$c-v$ 대 c 문제'를 다루어 보자. 속도 v로 비행하는 우주선 안에 앉아 있는 우주비행사가 우주선 바로 위에서 나란히 같은 방향으로 움직이는 빛의 속도를 측정한다고 가정하자(그림 44).

직관적으로 우주선 내부의 우주비행사는 빛의 속도를 $c-v$로 측정해야 하지만 수많은 실험 결과들에 의해 그렇지 않다는 것이 확인되었다. 빛의 속도는 항상 c로 판명되었다. 아무리 생각해도 이해가 안 되며 신기할 뿐이다. 독자도 잠시 짬을 내어 그 이유를 생각해보기 바란다. 우리가 시속 100킬로미터로 빛을 뒤쫓아 가면 우리에게 빛의 속도는 $c-100km$로, 우리가 시속 1000킬로미터로 뒤따라가면 빛의 속도는 $c-1000km$로, 우리가 거의 속도 c로 따라가면 빛의 속도는 거의 0으로 보여야 하는데, 이상하게도 항상 c로 측정된다. 왜일까? 왜냐하면, 위의 상황(움직이는 우주비행사가 빛의 속도를 측정하는 상황)은 '우주선은 정지해 있고, 빛이 속도

v로 왼쪽 방향으로 움직이고 동시에 속도 c로 오른쪽 방향으로 움직이는데, 정지해 있는 우주비행사가 빛의 속도를 측정하는 상황'과 같기 때문이라고 할 수 있다.

즉, 빛의 속도를 잰다는 관점에서는 그림 44로 나타낸 상황은 그림 41로 나타낸 상황과 동일하다!

움직이는 우주선 안에 있는 우주비행사가 우주선과 같은 방향으로 지나가는 빛의 속도를 측정하는 것은, 우주선이 속도 v로 왼쪽 방향으로 움직이고 우주선 후미에서 빛이 오른쪽 방향으로 발사되었을 때 지구 위에 서 있는 관측자가 빛의 속도를 측정하는 것과 같다는 것이다.

위에서 이미 다루었지만, 빛의 속도는 우주선의 속도 v에 영향을 받지 않고 빛의 파장만 우주선의 속도 v에 영향을 받는다. 속도 v는 빛의 파장을 길게 늘어뜨린다(그림 42 참조). 그래서 빛은 우주선의 속도 v에 해당하는 에너지를 잃게 되고 우주비행사는 속도는 c이지만 파장이 늘어난, 즉 적색 편이된 빛을 보게 된다.

한 번 더 강조하자면, 우리가 등속도로 움직이면서 빛을 관찰하면 속도에는 전혀 변화가 없지만 파장에 변화가 일어난 빛을 보게 된다. 빛을 방출하는 광원이 움직일 때도 마찬가지이다.

저자 역시 이 문제를 생각하며 참 많이 되뇌이고 또 되 읊었다. '우리가 빛을 빠른 속도로 뒤따라가는데 어떻게 빛의 속도는 줄어들지 않고 항상 c로 주어지는가? 어떻게 이럴 수가 있는가? 어떻게…?'라고. 그러다 보면 가끔 달콤하면서도 한편으로는 허황된 잡

념으로 이어질 때가 있다. '1000만 원짜리 펀드에 들었는데 빛의 속도가 항상 일정하게 c로 주어지는 것처럼 10만원을 찾아서 써도 1000만원이 남고, 100만원을 찾아서 써도 1000만원이 남고, 999만원을 찾아서 써도 1000만원이 그대로 남아 있는, 그런 펀드가 있다면 얼마나 좋을까…' 하고. 하지만 만약 그런 펀드가 존재한다면 똑같은 액수인 1000만원이 계속 유지되는 대신 빛의 파장이 늘어나듯이 아마 필연적으로 돈의 가치가 폭락할 것이라고 생각한다.

사실 여러 사례나 증거들이 속도나 중력은 빛의 속도에 영향을 주는 것이 아니라 빛의 파장에 영향을 준다는 사실을 암시한다. 예를 들면 우리에게 빠른 속도로 다가오는 별이나 은하에서 방출된 빛을 관찰하면 파장은 줄어들었지만 속도는 같은 c이고, 우리에게서 빠른 속도로 멀어지는 별이나 은하에 방출된 빛을 관찰하면 파장은 늘어났지만 속도는 역시 같은 c로 측정된다.

그러므로, 광속의 일정성에 대한 근본적인 이유는 관측자의 속도와 광원의 속도(그리고 중력)는 빛의 속도에는 영향을 주지 않지만 빛의 파장, 즉 빛의 진동수에 영향을 주기 때문이다.

마지막으로, 우리가 엄청나게 빠른 속도로, 그러니까 거의 빛의 속도로 움직인다고 가정하자. 어느 순간 우리가 움직이고 있는 것과 같은 방향으로 빛이 우리 곁을 지나간다고 하자. 그러면 우리는 무엇을 볼까? 우리에게 보이는 것은 국수 가락처럼 쭉 늘어져 거의 납작하게 생긴 빛이 속도 c로 질주하는 모습이다!

핵심 6

빛의 속도가 일정한 근본적인 이유는 관측자의 속도와 광원의 속도(그리고 중력)는 빛의 속도에는 영향을 주지 않지만 빛의 파장, 즉 빛의 진동수에 영향을 주기 때문이다.

잠시 쉬어 가가

빛의 성질에 대하여 심취해 있던 해신이가 하루는 기도를 하던 도중 '꺅' 소리를 지르며 말했다.

"허블 우주 망원경으로 아무리 하늘 깊숙이 살펴보아도 신이 존재하는 천국 같은 것은 보이지 않는다고 했잖아."

"그랬지."

달신이가 대답했다.

"그럼 천국은 우주의 지평선(관측 가능한 우주의 가장자리) 너머에 존재한다는 뜻이고, 지구에서 우주 끝은 적어도 137억 광년 거리인데 내가 간절히 드린 기도들이 설령 빛의 속도로 달린다 하더라도 응답이 올 때까지 274억 년 이상은 기다려야 하는 거 아냐? 꺅!"

운동 안에 운동이 일어났을 때 빛의 정확한 궤적

운동 안에서 빛이 운동을 할 때 빛의 궤적은 보통 물체의 궤적을 따르지 않는다. 이제 등속 직선 운동을 하고 있는 관성계에서 빛이 발사되었을 때 정지해 있는 관측자의 관점에서 그 빛의 궤적은 정확하게 어떻게 주어지는지를 살펴보자.

등속도 v로 달리는 기차 안에서 빛이 수직으로 발사되었고, 극히 짧은 순간 후 빛은 천장에 있는 거울에 도착하였다고 하자. d를 광원과 거울 사이의 거리라고 하자.

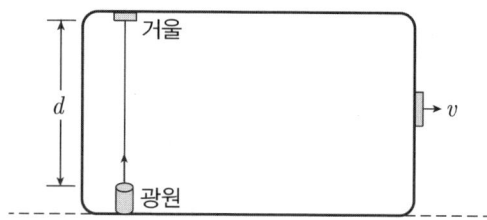

그러면 플랫폼 위에 서 있는 관측자에게 빛의 궤적은 그림 45처럼 길이가 $\ell_1 > d$이 되는 사선 형태로 보이지 않는다.

그림 45에 그려진 궤적은 질량이 0이 아닌 보통 물체가 만들어 낸 궤적이라 할 수 있다. 예를 들면, 달리는 기차의 바닥에서 권총(또는 이 책의 시작 부분에 언급한 공)을 발사했는데 중력은 없다는 가정하에 총알이 일정한 속도를 유지하며 수직으로 올라갈 때 플랫폼 위에 서 있는 한 관측자가 본 총알의 궤적이라고 할 수 있다.

그럼 플랫폼 위에 서 있는 관측자에게 빛의 궤적은 어떻게 보일까? 관측자에게 빛의 궤적은 그림 46과 같이 길이가 정확하게 d인 수직 선분으로 보인다. 비스듬하게 올라가는 대각선 형태가 아니다.

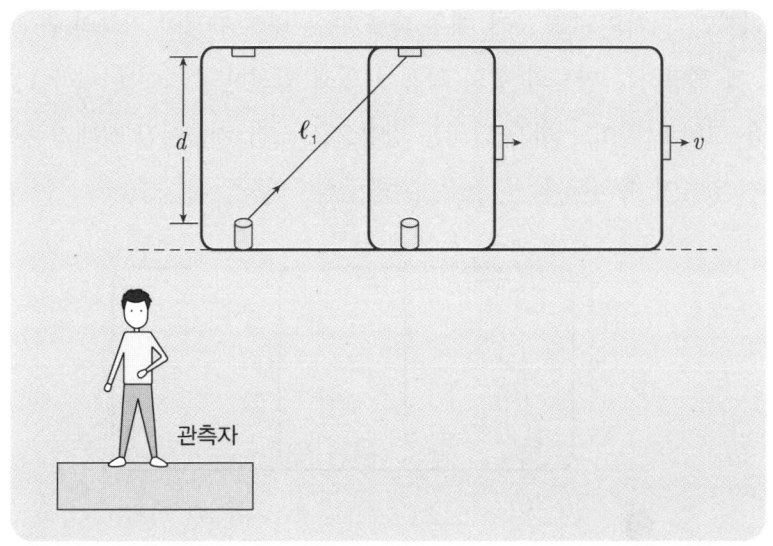

그림 45 옳지 않은 빛의 궤적: 빛은 비스듬하게 대각선 형태로 올라가는 것으로 보이지 않는다.

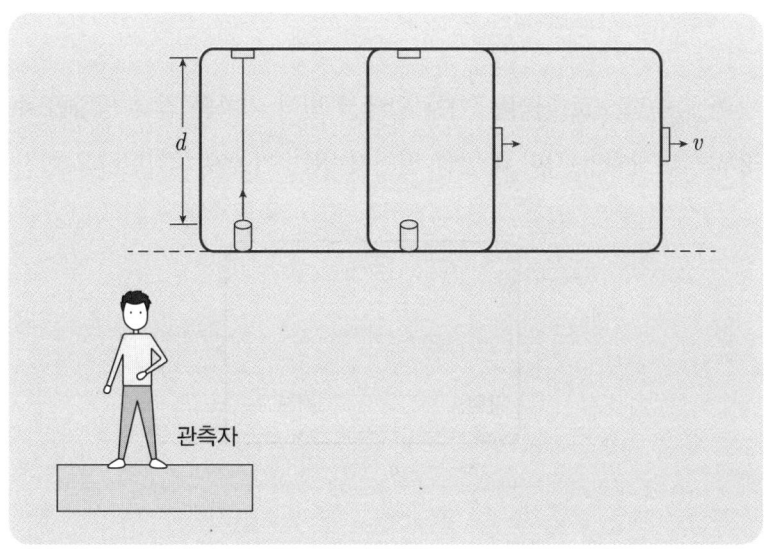

그림 46 달리는 기차 안의 빛이 수직으로 거리 d를 움직이면 정지해 있는 관측자에게도 그 빛은 수직으로 거리 d를 움직이는 것으로 보인다.

광속도 불변의 근본적인 이유는 무엇일까? _109

어쩌면, 기차의 속도 v가 매우 빠를 때는 빛의 궤적이 기차의 속도 v에 해당하는 만큼의 힘의 작용에 의해 완전한 수직이 아니라 다음 그림과 같이 기차가 달리는 방향으로 약간 기울어진 상태가 될 수 있음에 유의하자.

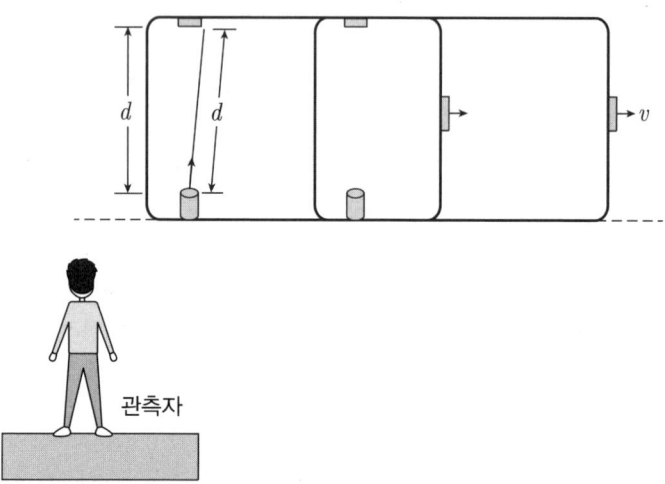

이제 속도 v로 달리는 기차 안에서 빛이 기차와 같은 방향인 수평으로 발사되어 거리 d 만큼 떨어져 있는 거울에 도착한다고 하자.

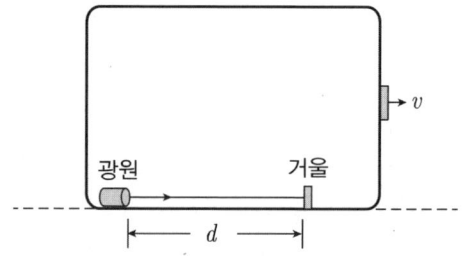

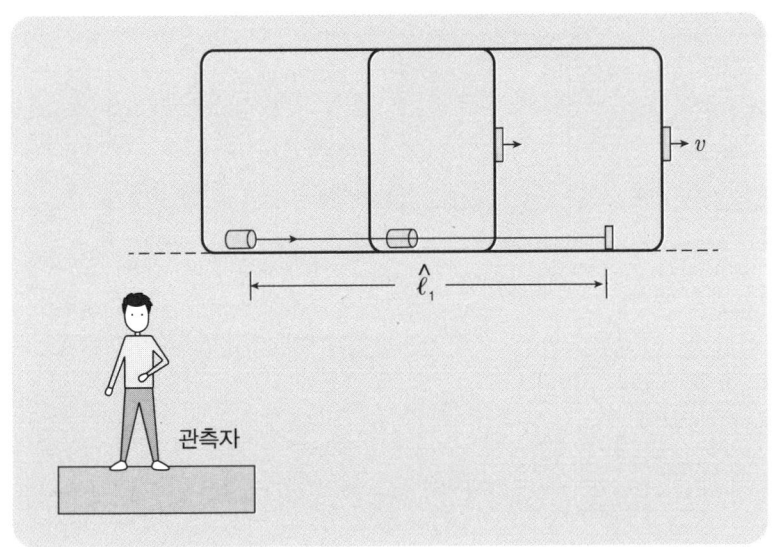

그림 47   옳지 않은 빛의 궤적: 빛은 d보다 더 먼 거리를 이동한 것으로 보이지 않는다.

그러면 플랫폼 위에 서 있는 관측자에게 빛의 궤적은 그림 47처럼 길이가 $\hat{\ell}_1 > d$이 되는 형태로 보이지 않는다.

플랫폼 위에 서 있는 관측자는 그림 48에서 보인 것처럼 길이가 정확하게 d인 빛의 궤적(길이가 정확하게 d인 수평 선분)을 본다. 그림 47에 그려진 궤적은 기차 안에서 어린아이가 오른쪽 끝에 앉아 있는 승무원을 향해 수평으로 보통 물체인 공을 던졌을 때 철로 옆에 서 있는 관측자의 입장에서 보이는 궤적과 같다.

빛이 거울에 반사되어 광원으로 되돌아온다고 하자. 그러면 플랫폼 위에 서 있는 관측자에게 빛의 궤적은 그림 49처럼 길이가 $\hat{\ell}_2 < d$이 되는 형태로 보이지 않는다.

플랫폼 위에 서 있는 관측자는 그림 50에서 보인 것처럼 길이가

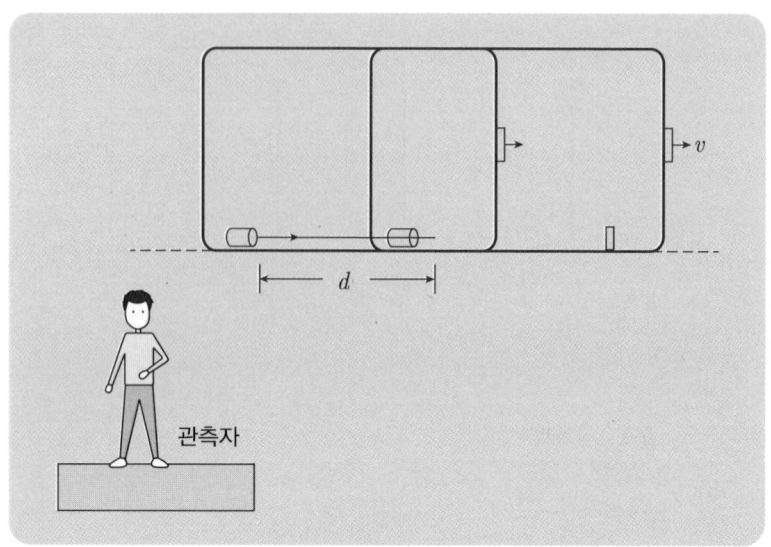

그림 48 달리는 기차 안의 빛이 오른쪽으로 거리 d를 움직이면 서 있는 관측자에게도 그 빛은 오른쪽으로 거리 d만 움직이는 것으로 보인다.

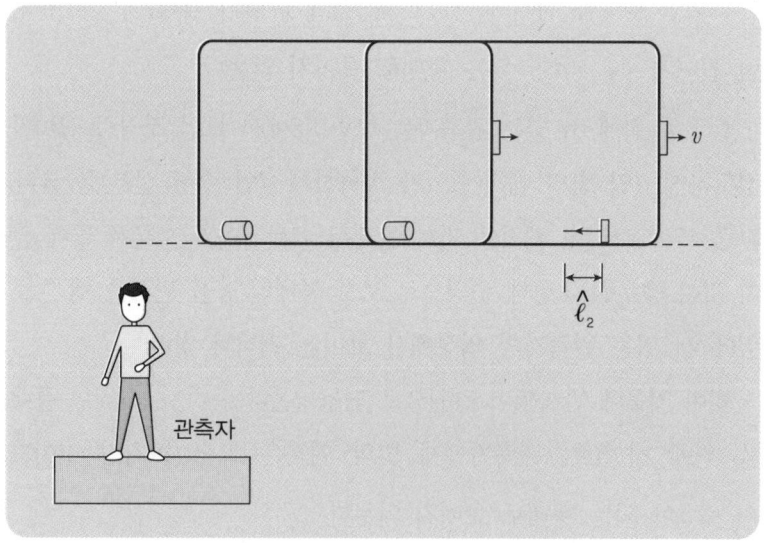

그림 49 옳지 않은 빛의 궤적: 빛은 d보다 더 짧은 거리를 이동한 것으로 보이지 않는다.

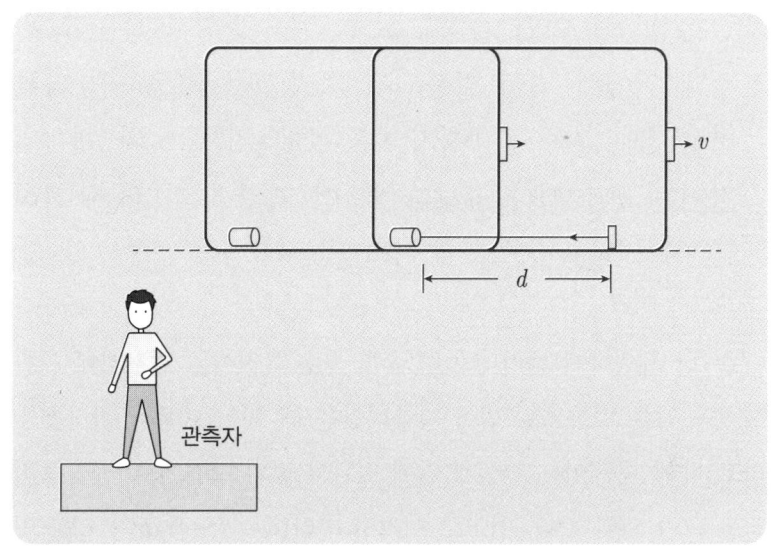

그림 50 움직이는 기차 안의 빛이 왼쪽으로 거리 d를 움직이면 서 있는 관측자에게도 그 빛은 왼쪽으로 거리 d만 움직이는 것으로 보인다.

정확하게 d인 빛의 궤적을 본다. 여기서도 마찬가지이다. 그림 49에 그려진 궤적은 기차 안에서 이번엔 승무원이 왼쪽에 앉은 어린아이를 향해 수평으로 보통 물체인 공을 던졌을 때 철로 옆에 서 있는 관측자의 입장에서 보이는 궤적이다.

 '어떻게 이런 일이 일어날 수 있을까?' 하고 의아하게 여길 수 있지만 빛의 행동을 사람들의 얼굴 표정에 비유하면 금방 이해가 될 것 같다. 대부분의 사람들은 화가 나면 얼굴이 붉으락푸르락 변하고, 칭찬을 들으면 얼굴에 웃음꽃이 활짝 핀다. 하지만 칭찬을 해도, 고맙다고 인사를 해도, 비난을 해도, 삿대질을 해도 표정 하나 변하지 않고 묵묵히 자기 할 일만 하는 사람도 있다. 이런 사람은 외부 자극에 상관 없이 같은 속도로 움직이는 빛과 같은 사람이다.

결론적으로 어떤 등속도로 달리는 관성계이든 그 관성계 안에서 빛이 발사되어 거리 d를 이동하면 다른 관성계에 있는 관측자가 이를 보더라도 빛의 궤적의 길이는 d가 된다. d보다 더 먼 거리나 더 짧은 거리를 이동하는 것으로 보이지 않는다.

좀 더 세밀하게 나타내보자. 속도 v로 움직이는 관성계에서 관성계와 같은 방향으로 빛이 방출되었을 때 빛이 이동한 거리를 d라고 하자. 움직이는 관성계 안에 있는 사람의 관점에서 빛의 움직임은 그림 51과 같다. 참고로 여기서 거리 d는 두 점 P와 Q를 잇는 수평 선분의 길이이다. P와 Q 사이의 파동의 길이가 아니다.

그러면 정지해 있는 관성계에서 한 관측자가 이를 관측하더라도

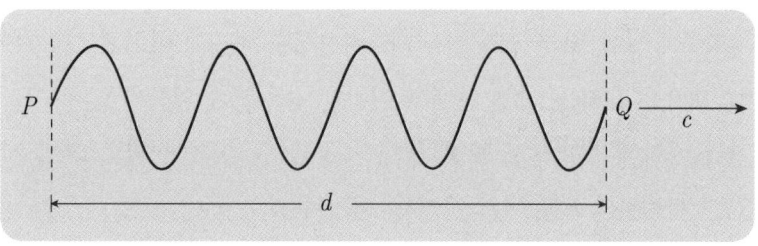

그림 51 움직이는 관성계 안에 있는 사람의 관점에서 빛이 이동한 거리

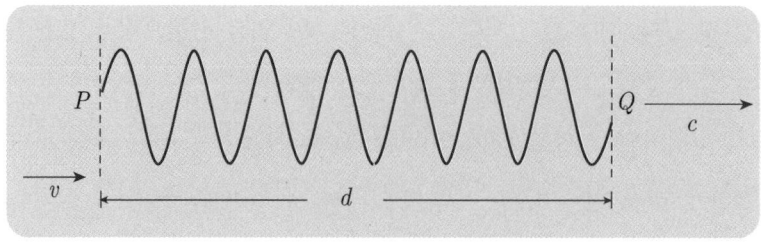

그림 52 정지해 있는 사람의 관점에서 움직이는 관성계 안에 있는 빛이 전파될 때 보이는 빛의 궤적(관성계와 빛의 방향이 같을 때)

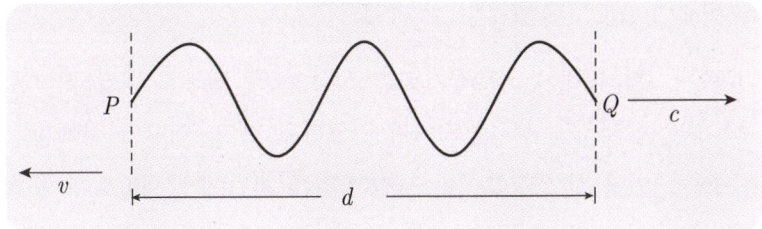

그림 53 정지해 있는 사람의 관점에서 역방향으로 움직이는 관성계 안에 있는 빛이 전파될 때 보이는 빛의 궤적(관성계와 빛의 방향이 정반대일 때)

빛이 이동한 거리는 똑같은 d가 된다(그림 52). 여기서도 거리 d는 두 점 P와 Q를 잇는 수평 선분의 길이이다. P와 Q 사이의 파동의 길이가 아니다.

만약 속도 v로 움직이는 관성계에서 관성계의 방향과 반대 방향으로 빛이 방출되었다고 하자. 그리고 빛이 이동한 거리가 d라고 하자. 그러면 정지해 있는 관성계에서 이를 관측하더라도 빛이 이동한 거리는 똑같은 d가 된다(그림 53). 여기서도 역시 거리 d는 두 점 P와 Q를 잇는 수평 선분의 길이이다.

핵심 7

빛의 궤적은 보통 물체의 궤적과 다르다. 어떤 등속도로 달리는 관성계이든 그 관성계 안에서 빛이 발사되어 거리 d를 이동하면 다른 관성계에 있는 관측자가 이를 보더라도 빛의 궤적의 길이는 d가 된다. d보다 더 먼 거리나 더 짧은 거리를 이동하는 것으로 보이지 않는다.

일어나지 않는 동시성의 상대성

이 책의 앞부분에서 아인슈타인은 시간 지연 현상에 대한 힌트를 동시성의 상대성을 생각함으로써 얻었다고 했다. 어떤 사람에게는 동시에 일어난 것으로 보이는 사건이 다른 사람에게는 동시에 일어난 것으로 보이지 않아 두 사람의 시간의 흐름이 다를 수가 있다는 것이다. 앞에서 동시성의 상대성 개념을 설명하기 위해 다른 예로 되돌아가 보도록 하자. 왜냐하면 이 책에서 다룬 빛의 특이한 성질을 적용하면 움직이는 승객의 관점에서든 플랫폼에 서 있는 관측자의 관점에서든 객차 양쪽 끝에서 방출된 빛은 승객에게 동시에 도착하지 않는다는 것을 설명할 수 있기 때문이다.

먼저 객차의 양쪽 끝에서 총알이 발사되는 경우와 빛이 방출되는 경우를 비교해보도록 하자. 총알은 질량이 0이 아닌 보통 물체이다. 보통 물체를 사용하면 정지해 있는 관측자의 관점이든, 움직이고 있는 관측자의 관점이든 사건은 동시에 일어나는 것으로 보인다. 일례로, 속도 v로 달리는 KTX 열차의 한 객차 양쪽 끝에서 총알이 중앙에 앉아 있는 승객을 향해 속도 u'으로 동시에 발사되었다고 하자. (실험을 위한 가상 상황이니 독자들은 너무 놀라지 않기를 바란다.)

이 승객의 관점에서 살펴보자. 자신과 총알 모두는 열차와 같은 속도로 함께 움직이는 상태이기 때문에 두 총알은 속도 u'으로 각각 날아와 자신을 동시에 관통하는 것으로 보인다. 양쪽 옆구리가 동시에 뜨끔해짐을 느낀다. '두 총알이 자신을 동시에 관통하는 것으로 보인다.'라는 말은 '총알은 열차와 함께 나아간다. 또는 총알의 속도는 열차의 속도에 영향을 받는다.'라고 표현할 수 있다. 쉽게 이해를 할 수 있도록 우리도 이 표현을 기꺼이 받아들이도록 하자.

플랫폼 위에 서 있는 관측자의 관점에서 살펴보자. 왼쪽에서 발사된 총알은 총알의 속도에 열차의 속도가 더해진 속도 $u'+v$로 빠르게, 더 먼 거리를 이동하여, 승객에게 다가가고(갈릴레이 속도 덧셈 법칙에 의하여), 오른쪽에서 발사된 총알은 총알의 속도에서 열차의 속도를 뺀 속도 $u'-v$로 승객에게 느리게, 더 짧은 거리를 이동하여 다가간다. 승객은 기차의 속도와 같은 속도로 움직이기 때문에 플랫폼 위에 서 있는 관측자의 관점에서도 두 총알은 승객을 동시에 관통하는 것으로 보인다. 다시 말하면 "총알은 열차와 함께 나아간다. 총알의 속도는 열차의 속도에 영향을 받는다."고 할 수 있다. 이처럼 보통 물체인 총알이 발사된 경우에는 승객에게나 관측자에게나 사건은 동시에 일어난 것으로 보인다.

이제 동시성의 상대성에 대한 빛의 경우(그림 14)를 다시 살펴보자. KTX 안에 앉아 있는 승객의 관점에서 "빛이 자신에게 동시에 도착한다는 것을 알게 된다."라는 것은 무엇을 의미할까? 예상한 대로 보통 물체인 총알의 경우와 같이 "빛은 열차와 함께 나아간다. 빛의 속도가 열차의 속도에 영향을 받는다."는 것을 의미한다. 하지만 빛의 속도는 항상 일정하게 c로 주어지기 때문에 이는 잘못된 해석이다. (빛의 속도가 항상 일정하다는 것은 빛의 속도가 열차의 속도에 영향을 받지 않는다는 것이다.) 책 앞부분에 동시성의 상대성 개념을 소개할 때 저자가 좀 석연치 않는 부분이 있다고 한 이유가 바로 여기에 있다.

플랫폼 위에 서 있는 관측자의 관점에서 살펴보자. "B'에서 방출된 빛이 A'에서 방출된 빛보다 먼저 승객에게 도착하는 것을 보게 된다."라는 것은 '빛은 열차와 함께 나아가지 않고 빛의 속도는 열차의 속도에 영향을 받지 않는다는 것'을 의미한다. 그렇다! 이게 우리가 받아들여야 하는 진실이다. 빛은 열차와 함께 나아가지 않고 빛의 속도는 열차의 속도에 영향을 받지 않는다. 열차의 속도에 의해서 빛은 더 멀리 이동하고 더 짧게 이동하지 않는다. 빛은 묵묵히 같은 속도로 나아가야 할 거리만 나아간다. 빛이 KTX의 속도에 영향을 받지 않고 일정한 속도로 움직인다면 플랫폼 위에 서 있는 관측자의 관점에서와 같이 KTX 안에 앉아 있는 승객의 관점에서도 A'과 B'에서 방출된 두 빛은 자신에게 동시에 도착하지 않아야 한다. 빛의 속도는 일정하고 승객은 앞으로 나아가기 때문에 B'에서 방출된 빛이 A'에서 방출된 빛보다 먼저 승객에게 도착해야 한다. 두 사람 모두에게 빛은 동시에 도착하지 않는 것으로 보여야 한다.

동시성의 상대성을 설명하기 위해 약방의 감초처럼 쓰이는 이 가상적인 예는 동시성의 상대성을 설명하기에 적합하지 않다고 할 수 있다. 어쩌면 우주에서 일어나는 모든 사건은 둘 중 하나이다. 보통 물체와 같이 다른 곳에 있는 두 관측자 모두에게 동시에 일어나는 사건으로 보이거나 빛과 같이 다른 곳에 있는 두 관측자 모두에게 동시에 일어나지 않는 사건으로 보이거나.

핵심 8

등속도로 움직이는 사람에게는 동시에 일어나는 것으로 보이는 사건이 이를 지켜보며 서 있는 다른 사람에게는 동시에 일어나는 것으로 보이지 않는다는 '동시성의 상대성'은 일어나지 않는다. 보통 물체의 경우 두 사람 모두에게 동시에 일어나는 것으로 보인다. 빛의 경우 두 사람 모두에게 동시에 일어나는 것으로 보이지 않는다.

> 잠시 쉬어 가자
>
> "빛의 속도보다 더 빠른 것을 발견했어!"
> 해신이가 헉헉거리며 달려와 말했다.
> "그럴 리가…. 그 어떤 물체도 빛의 속도보다 빠를 수 없어. 혹시 얼마 전 유럽 입자 물리 연구소에서 실험한 그 '중성미자' 아냐? 그 실험에는 오류가 있었다는 것이 이미 판명 났어."
> 달신이가 심드렁한 표정으로 대꾸하자 해신이는 별신이를 바라보며 말했다.
> "아니. 우리 작은 별신이의 눈치!"
> "꽥!"

빛이 가지는 특이하고 신비스런 성질들에 대한 개요

과학자들은 오래 전부터 빛에 큰 관심을 가지고 많은 연구를 하였다. 그 결과 빛에는 다양한 성질이 있다는 사실이 밝혀졌다. 빛은 자연의 정보를 우리에게 선명하게 전달해준다. 그러므로 빛이 없으면 아무것도 볼 수 없다. 높이 펼쳐진 파란 하늘도, 시원하게 흰 포말을 일으키며 밀려오는 파도도, 꿋꿋하게 서 있는 푸른 소나무도, 이른 아침 길을 나설 때 함박 웃음을 지으며 우리에게 인사를 하는 철쭉도, 재미있는 영화도, 좋아하는 친구의 얼굴도, 사랑하는 부모님의 얼굴도. 모든 것이 다음과 같이 그저 새까맣게 보일 뿐이다.

 빛은 우리에게 에너지를 제공한다. 빛 에너지는 생물의 성장과 발달에 없어서는 안 되는 소중한 것이다. 화분에서 기르는 식물을 눈여겨보면 실감할 수 있다. 가지와 잎들은 햇빛이 내리는 방향으로 뻗어 올라간다. 화분을 반대 방향으로 돌려놓아도 또다시 가지와 잎들은 햇빛이 비치는 방향으로 뻗어 올라간다.

 빛을 쬐면 기분 또한 좋아진다. 빛을 쬔다는 것은 에너지를 흠뻑 받아들인다는 뜻이기 때문이다. 그래서인지 특히 우울증 환자를 치료하는 의사는 환자들에게 매일 조금씩 빛을 쬐게 한다. 또 빛은 의료, 컴퓨터와 통신 등 여러 분야에 유용하게 쓰인다. 이제 빛이 가지는 전반적인 성질에 대하여 개략적으로 정리를 해보자.

 그리스 시대의 아리스토텔레스는 흰빛은 아무 것도 섞이지 않은 순수한 빛이라고 주장했다. 17세기 영국의 뉴턴은 아리스토텔레스의 생각을 부정하고 프리즘으로 흰빛을 분산시키는 실험을 통해 흰빛은 여러 가지 색깔로 이루어져 있다는 것을 증명했다. 태양빛인

백색광이 프리즘을 지나면 굴절하고 굴절의 크기가 빛의 파장에 따라 다르기 때문에 다양한 색으로 나누어지는데 이 현상을 빛의 분산이라고 한다.

네덜란드의 스넬은 빛이 수면을 통과할 때처럼 한 매질인 공기에서 다른 매질인 물로 이동할 때 휘어지는 굴절 현상과 빛이 매질이나 물체의 경계면에서 반사되는 반사 현상을 체계적으로 연구하였다. 예를 들어 아보카도는 다른 색깔의 빛은 흡수하고 초록빛만 반사하여 초록색으로 보인다.

17세기 중반 이탈리아의 그리말디는 빛이 작은 구멍을 통과할 때 원뿔 모양으로 퍼져나가는, 즉 빛이 물체의 가장자리를 통과할 때 진행 방향이 굽어지는 회절 현상을 발견하였다. 1917년 바클러는 빛이 입자에 닿으면 사방팔방으로 날아가버리는 산란 현상을 X선에 대하여 최초로 연구하였다. 이렇게 빛은 분산, 반사, 굴절, 회절, 산란하는 성질이 있다.

뉴턴은 처음부터 빛은 입자라고 생각했다. 19세기 초 영국의 과학자 영은 빛을 두 개의 좁은 구멍을 통과시켜(이중 슬릿 실험) 파동의 간섭 현상을 발견하고 빛이 파동이라는 파동설을 제기하였다. 파동의 간섭 현상이란 2개 이상의 파동이 한곳에서 만나면 서로 합해져 강해지기도 하고(파동의 가장 높은 점인 마루와 마루가 겹쳐질 때) 약해지기도 하는(마루와 파동의 가장 낮은 점인 골이 겹쳐질 때) 현상이다. 빛의 경우 밝고 어두운 무늬가 교대로 나타난다.

스코틀랜드의 맥스웰은 전기장이 자기장을, 자기장은 전기장을 연쇄적으로 진동하며 만들어내는 것에 착안하여 파동을 치며 나아가는 전자기파가 존재할 것이라고 예측했다. 그는 전자기파의 파동

방정식을 유도한 후 전자기파의 속도를 계산하고 전자기파의 속도가 빛의 속도와 일치한다는 것을 알아내고 빛도 전자기파의 일종임을 발견하였다. 독일의 헤르츠는 맥스웰이 예측한 전자기파의 존재를 실험을 통해 실제로 찾아냈다.

아인슈타인은 빛이 입자처럼 행동한다는 것을 '광전 효과'를 설명하면서 주장하였다. 광전 효과란 금속에 빛을 쏘면 빛 에너지를 받은 전자가 금속에서 튀어나오는 현상이다. 그는 빛 에너지의 최소 단위를 '광자'라고 부르고 전자기파가 에너지 덩어리로 나아간다고 생각했다. 파장이 긴 빛은 아무리 밝게 해도 전자가 튀어나오지 않지만 파장이 짧으면 약한 빛에서도 전자가 튀어나왔는데 빛을 단순한 파동으로 생각해서는 설명이 안 되는 현상이기 때문이었다. 미국의 콤프턴은 아인슈타인의 견해인 빛의 입자성을 실험으로 증명해 자신의 이름을 붙인 효과, 즉 콤프턴 효과를 발견했다. 이렇게 빛은 파동이면서 입자이고 입자이면서 파동이라는 이중성을 가진다.

전자기파에 대해서 조금 더 자세히 살펴보자. 전자기파는 파장이 짧은 쪽에서부터, 고 에너지 천체나 방사선 물질 등에서 나오는 감마선, 병원에서 폐와 심장 계통의 질환을 검사하기 위해 X선 촬영을 할 때 나오는 X선, 태양 등에서 나오지만 우리 눈에는 보이지 않는 자외선, 우리가 직접 볼 수 있는 가시광선, 열을 가진 모든 물체에서 나오는 적외선, 전자레인지에 사용되는 마이크로파, 통신에 쓰이는 전파 또는 라디오파로 구성된다(그림 54).

파장이 짧을수록 주파수(1초당 파동의 진동 횟수)가 많아지고 전파처럼 파장이 길수록 주파수가 적어진다. 파장이 짧은 전자기파는 에너지가 크고 파장이 긴 전자기파는 에너지가 작다. 자외선은 적

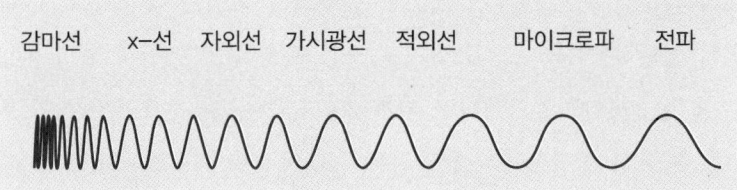

그림 54 파장에 의한 전자기파의 분류

외선보다 파장이 짧은데 자외선은 우리의 피부를 그을리게 하고 많이 쬐면 피부암을 일으킨다. 적외선은 우리의 몸을 따뜻하게 만들어준다. 자외선과 적외선 사이에 있으며 사람의 눈에 보이는 가시광선의 파장 범위는 400나노미터에서 700나노미터 사이이다. 1나노미터는 머리카락 굵기의 10만분의 1에 해당된다. 참고로 조류는 사람 눈에 보이지 않는 자외선도 볼 수 있다.

가시광선, 즉 빛은 파장의 차이에 따라 빨간색, 주황색, 노란색, 초록색, 파란색, 남색, 보라색의 일곱 가지 색깔로 이루어져 있다. 빨간색의 파장이 가장 길며 보라색이 가장 짧다. 빛이 밝다는 것은 전자기파로서 파장은 같지만 진폭이 크다는 뜻이다. 빨간색의 빛은 파란 색의 빛보다 파장이 길어 공기 중에 있는 입자와 부딪치더라도 산란이 잘 안 되어 멀리에서도 잘 보인다.

빛의 속도는 처음에는 무한이라고 생각했다. 워낙 빨라서 아무리 먼 거리도 순간적으로 이동한다고 생각하였다. 우주의 이쪽 끝에서 정 반대인 저쪽 끝까지 순간적으로. 빛의 속도가 유한할 것이라는 생각을 가지고 최초로 빛의 속도를 측정하려고 시도한 사람은 이탈리아의 갈릴레이였다. 효과적이진 않았지만 약 2킬로미터 떨어진 두 산봉우리에 그와 그의 조수가 각각 랜턴을 서로에게 비춤으로써 빛의 속도를 측정하고자 하였다. 덴마크의 뢰머는 목성의 위성 이오의 공전 주기를 이용해 빛의 속도를 측정하였다. 이때 빛의 속도는 초속 224,000킬로미터로 관측되었다. 19세기 중반 프랑스의 피조는 지상의 실험실에서 회전하는 톱니바퀴를 이용하여 빛의 속도를 측정하였다. 실험 결과 빛의 속도는 초속 315,000킬로미터로 나왔다. 현재 국제적으로 통용되는 빛의 속도는 진공에서 초속 299,792,458미터이다. 이를 문자 c로 나타낸다. 이는 1초에 지구를 일곱 바퀴 반을 돌 수 있는 속도이고, 독도와 서울 시청을 345번 왕복할 수 있는 엄청난 속도이다. 꿀벌은 1초에 약 230번 날갯짓을 한다. 꿀벌이 날갯짓을 한 번 '파닥' 할 때 빛은 서울시청에서 독도까지 한 번 왕복하고 다시 독도까지 갈 수 있다. 또 해에서 지구까지의 거리가 약 1억 6천만 킬로미터이기 때문에 해에서 방출된 빛은 지구에 약 8분 19초 후에 도착한다.

빛에 이렇게 다양한 성질이 있다는 사실을 우리는 알고 있었다. 이뿐만 아니라 빛의 궤적과 빛이 이동한 거리는 누가 보아도 똑같다. 그리고 빛의 속도는 일정하다. 광원의 속도나 관측자의 속도나 중력의 존재와는 무관하게 항상 똑같은 값으로 측정된다. 이를 광속도 불변의 원리라 부른다고 했다. 그 근본적인 이유는 앞서 밝혔듯이 광원의 속도, 관측자의 속도, 그리고 중력은 빛의 속도에 영향을 주지 않고 오직 빛의 파장에 영향을 주기 때문이다. 어떠한 것에도 속도는 영향을 받지 않고 파장만 변하는, 그런 특이하고 신비로운 성질 또한 빛은 가진 것이다.

잠시 쉬어 가기

"난 해가 참 부러워."
하루는 달신이가 느닷없이 해를 우러러보며 말했다.
"왜?"
"해는 너무나 많은 장점이 있잖아. 스스로 빛을 내어 지구의 공기를 따뜻하게 해주고, 사람들이 활동할 수 있도록 낮도 만들어주고…."
"나는 달이 너~무 자랑스러워."
해신이가 감동 어린 목소리로 말했다.
"달은 비록 스스로 빛을 내진 못하지만 온 몸으로 빛을 받아 이를 반사시키면서까지 어두운 밤길을 밝혀주고, 시를 짓게 하고, 낭만에 젖어들게 하잖아."
"크"

중력이 약하든 중력이 강하든 시간은 균일하게 흐른다는 시간의 절대성에 대한 증명

* * *

아인슈타인을 위시하여 많은 과학자들은 지구 가까이에는 중력이 강하고 지구에서 멀리 떨어져 있으면 중력이 약하기 때문에 지구 가까이에 있는 시계는 천천히 '똑~딱~'거리고 지구에서 멀리 떨어져 있는 시계는 빨리 '똑딱'거린다고 믿었고 또 그렇게 믿고 있다.

결론적으로 말하면 시간은 중력에 영향을 받지 않는다. 영향을 받는 것은 시간이 아니라 시간을 측정하기 위해 도구로 쓰이는 시계이다. 현재 사용하고 있는 최첨단의 시계인 원자시계는 마이크로파의 진동, 즉 전자기파의 주파수를 사용한다. 이 주파수가 중력에 영향을 받을 뿐이다.

어떤 문헌에는 다음과 같은 논리로 중력에 의한 시간 지연 효과를 유도하고 있다. 일반 상대성 이론에 의하면 빛은 중력에 의해서 휜다. 따라서 그림 55와 같이 빛이 지구나 별 옆을 지나갈 때(오른

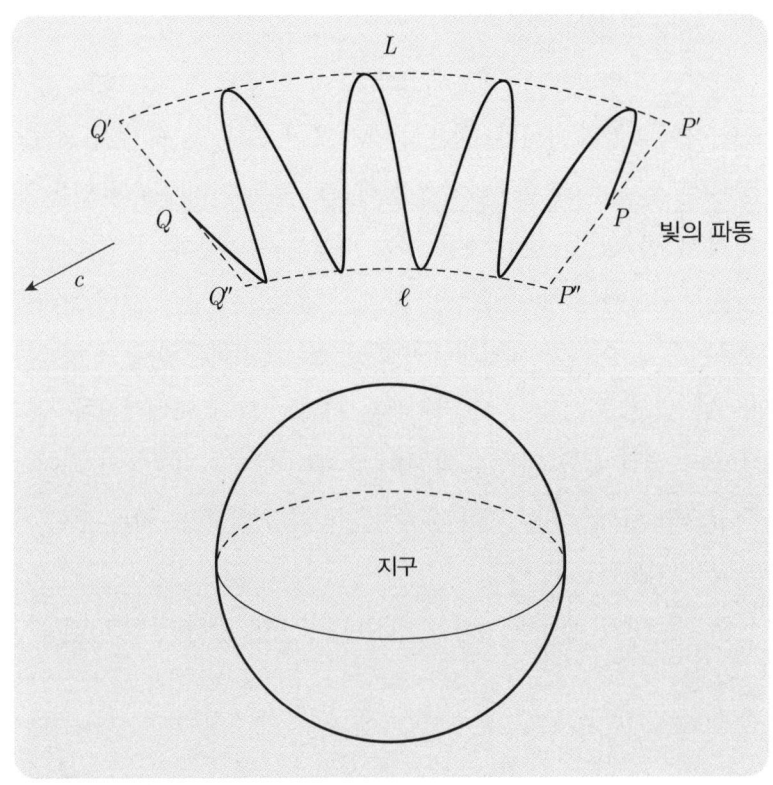

그림 55 　지구의 중력에 의해 휜 빛의 궤적

쪽에서 왼쪽 방향으로) 빛의 궤도는 휜 형태로 주어진다.

빛은 파동이고 휜 형태로 나아가기 때문에 빛이 두 점 P와 Q 사이를 이동하는 동안 파동의 윗부분은 두 점 P'과 Q' 사이의 호의 형태인 거리 L을 이동하고, 파동의 아랫부분은 두 점 P''과 Q'' 사이의 호의 형태인 거리 ℓ을 이동한다. ℓ은 L보다 짧고 빛의 속도는 일정한 c이다. 따라서 지구에서 가까운 파동의 아랫부분의 시간은 천천히 흐르고 지구에서 조금 더 멀리 떨어져 있는 파동의 윗부분의 시간은 빠르게 흘러야 한다. 따라서 중력에 의하여 시간 지연 현상이 일어난다.

하지만 위의 논리는 잘못되었다. 빛이 이동한 거리는 호의 길이 L도 아니고 ℓ도 아니다. 빛은 거리가 L이 되는 점 P'에서 점 Q'을 잇는 호를 따라 이동하지 않는다. 또 빛은 거리가 ℓ이 되는 점 P''에서 점 Q''을 잇는 호를 따라 이동하지 않는다.

빛은 파동이다. 빛이 움직일 때 빛의 운동은 단순히 호의 형태를 따르는 것이 아니라 위아래를 반복적으로 움직이는 파동의 형태를 따른다. 그러므로 빛이 이동한 실제 거리는 그림 56에서처럼 시작점 P와 끝점 Q를 잇는 호의 형태로 주어지는 거리인 d가 되어야 한다(그림 51에서처럼 빛이 움직인 거리가 P와 Q를 잇는 수평 거리 d가 되듯이).

중력은 빛의 파동에 영향을 미친다. 중력이 강하면 빛의 진동이

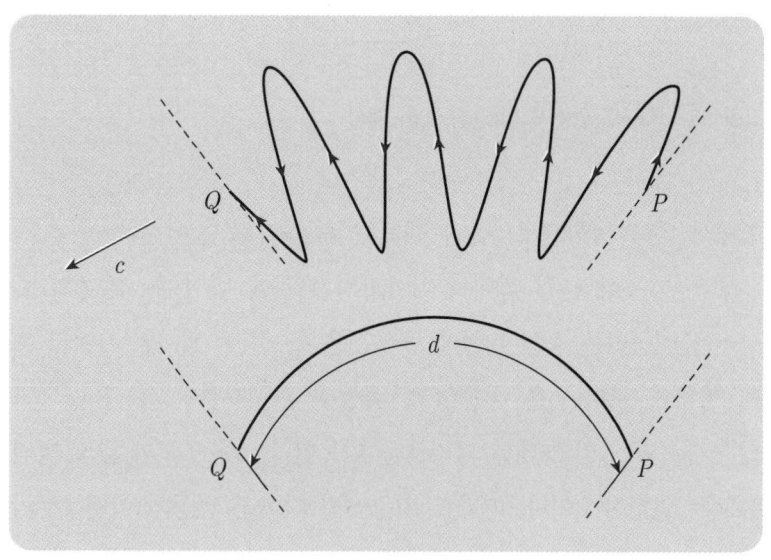

그림 56 중력에 의해서 휜 빛이 실제로 이동한 거리는 P와 Q 사이를 잇는 호의 길이 d가 된다.

느려져 진동수가 줄어들고, 중력이 약하면 진동이 빨라져 진동수가 늘어난다. 아인슈타인의 '탑 생각 실험'에서도 빛의 파장은 중력장에서 영향을 받는다는 것을 밝힌 바 있다.

오늘날 시간의 측정은 세슘원자에서 방사되는 마이크로파의 진동에 의거하고 있다. 마이크로파의 진동수는 중력에 영향을 받는다. 따라서 과학자들은 중력이 강한 곳에는 시간이 천천히 흐르고 중력이 약한 곳에는 시간이 빨리 흐른다고 잘못 주장하고 있다. 시간은 절대적이다. 시간을 측정하는 장치나 도구가 중력에 영향을 받을 뿐이다.

이제 시간은 중력으로부터 영향을 받지 않는다는 것에 대한 증명을 실제로 해보자. 증명을 한다고 하니 또 다시 불안한 마음이 들 수 있는데 어렵지 않다. 용기를 가지고 아인슈타인이 1915년에 발표한 일반상대성 이론의 초석이 되는 등가 원리를 상기하자. 물체가 가속을 하면 가속하는 방향의 반대 방향으로 '관성력'이라는 '거짓 힘'이 생긴다. '관성력은 중력과 같다'는 것을 등가 원리라고 한다. 예를 들면, 로켓이 점점 가속을 하며 하늘 위로 올라가면 아래쪽 지구방향으로 관성력이 생기는데 그 힘이 중력과 같다는 것이다. 그래서 이를 "'가속에 의한 효과'는 '중력에 의한 효과'와 똑같다."라고도 말한다. 이 문장을 부정 형태로 표현하면 다음과 같다.

지구나 태양의 중력이 주위의 물체를 끌어당길 때 물체는 지구나 태양에 가까워질수록 빠르게 끌어당겨진다. 즉 물체는 가속된다. 그러므로 만약 물체에 대한 어떤 성질이 가속도에 영향을 받지 않는다면 그 물체의 성질은 중력에 영향을 받지 않는다고 할 수 있다.

'물체에 대한 어떤 성질이 가속도에 영향을 받지 않는다는 것', 즉 '중력에 영향을 받지 않는다는 것'이 무엇을 의미하는지 비유를 들어보자. 독자는 운전을 하고 있고 독자의 한 친구는 옆 좌석에, 다른 친구는 뒷좌석에 타고 있다. 먼 길을 여행하며 피곤해진 두 친구는 안전은 독자에게 내맡기고 약속이라도 한 듯 동시에 코를 골며 졸기 시작했다. 두 사람이 코 고는 소리의 크기는 처음엔 비슷했다. 얼마 후 독자가 가속 페달을 밟으며 속도를 올리자 앞좌석에 앉은 친구의 코 고는 소리에는 변화가 없었지만 뒷좌석에 앉은 친구의 코 고는 소리는 갈수록 커지기 시작했다. 독자가 자동차의 속도를 더욱 올리니 앞좌석에 앉은 친구의 코 고는 소리에는 여전히 변화가 없었지만, 뒷좌석에 앉은 친구의 코 고는 소리는 갈수록 커져 마치 지축을 흔들며 탱크가 지나가는 소리를 냈다. 결국 앞좌석에 앉은 친구의 코 고는 소리는 가속도에 영향을 받지 않았고, 뒷좌석에 앉은 친구의 코 고는 소리는 가속도에 영향을 받았다고 할 수 있다. 이는 또한 앞좌석에 앉은 친구의 코고는 소리는 중력에 영향을 받지 않았고, 뒷좌석에 앉은 친구의 코고는 소리는 중력에 영향을 받았다고 할 수 있다.

이 논리를 염두에 두고 본론으로 들어가자.

정리 2 시간은 중력에 영향을 받지 않는다.

증명 앞에서 우리는 두 관성계가 어떤 등속도로 달리든 두 관성계의 시계는 똑같은 속도로 '똑딱'거려 두 관성계의 시간은 똑같은 속도로 흐른다는 것을 보였다. 이것은 어떤 물체가 현재 달리는 속도(v)에서 조금 더 빠른 속도($v+\Delta v$, $\Delta v > 0$)로 달리더라도 시간의 흐름은 똑같다는 것을 의미한다. [여기서 사용한 기호 Δv ('델타 브이'라고 읽는다)는 '적은 양'을 의미한다.] 이는 또 다시 시간의 흐름은 가속도에 영향을 받지 않는다는 것을 의미한다. [만약 시간의 흐름이 가속도에 영향을 받는다면 조금 더 빠른 속도 ($v+\Delta v$)로 달리는 물체의 시간이 속도 v로 조금 더 천천히 달리는 물체의 시간보다 더 느리게 흐를 것이다. 하지만 어떠한 속도로 달리든 시간은 똑같이 흐른다는 것을 보였다.]

위에서 이미 숙지하였듯이 시간의 흐름이 가속도에 영향을 받지 않는다면 시간의 흐름은 중력에 영향을 받지 않는다. 따라서 시간은 중력에 영향을 받지 않는다. ■

시간은 등속도에 영향을 받지 않고 중력에도 영향을 받지 않는다. 그러므로 우리는 우리가 사는 우주의 시간에 대하여 다음과 같이 결론을 내릴 수 있다. 이것은 바로 17세기에 뉴턴이 주장한 것이다.

만약 시간이 존재한다면 시간은 절대적이다!

방수가 안 되는 손목시계가 두 개 있다. 시계 바늘이 돌아가며 두 시계 모두 같은 속도로 '똑딱'거리고 있다. 독자는 두 시계 중 하나는 손목에 차고, 다른 하나는 유유히 흘러가는 강물에 던졌다.

물속에 잠긴 시계의 바늘은 압력과 물의 저항 때문에 회전이 느려졌다. 그렇다면 강물 속의 시간은 강물 밖의 시간보다 더 천천히 흐른다고 할 수 있는가? 물론 아니다. 시간이 천천히 흐르는 것이 아니라 시계가 문제이다. 시간을 정확히 측정하기 위해서는 압력과 물의 영향을 받지 않는 시계가 있으면 된다. 원자시계도 마찬가지이다. 중력에 영향을 받으면 중력에 영향을 받지 않는 다른 시계를 고안하면 된다.

 핵심 9

시간은 중력에 영향을 받지 않는다. 중력이 있든 없든 시간은 균일하게 흐른다. 따라서 만약 우주에 시간이 존재한다면 시간은 절대적이다.

두 관성계 사이를 잇는 시간이 절대적인 새로운 좌표 변환

* * *

시간이 절대적이라면, 모든 관성계에서 시간이 똑같이 흐른다면 상대적으로 속도 v로 움직이는 두 관성계 사이에 대한 좌표 변환이 존재하는가? 좌표 변환을 하더라도 맥스웰의 파동방정식의 형태가 바뀌지 않을 뿐만 아니라 한 운동 안에서 또 다른 운동이 일어났을 때 갈릴레이의 속도 덧셈 법칙과는 달리 두 속도의 합을 정확하게 나타내는 그런 변환이 존재하는가? 이에 대한 답은 물론 "존재한다."이다. '새로운 변환'은 다음 네 가지 현상을 결합함으로써 유도할 수 있다.

네 가지 현상

첫 번째는 지구 위에 정지해 있는 한 관측자의 관점에서 속도 v로 달리는 우주선에서 우주선과 같은 방향으로 발사한 한 물체의 속도를 측정하는데, 이 물체가 빛일 때 속도는 $c+v$가 아니라 c로 주어지는 현상이다.

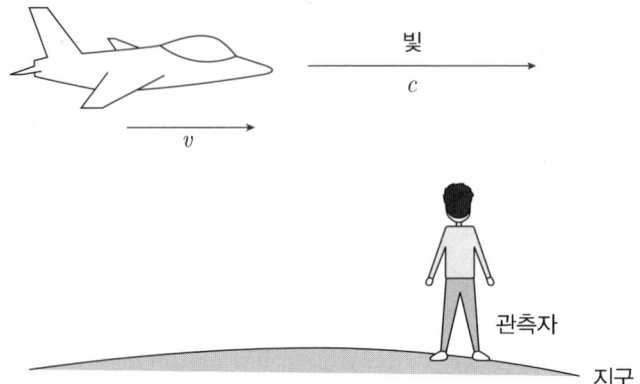

두 번째는 속도 v로 달리는 우주선 안에 타고 있는 우주비행사가 우주선 바로 옆을 우주선과 같은 방향으로 지나가는 한 물체의 속도를 측정하는데, 이 물체가 빛일 때 속도는 $c-v$가 아니라 c로 주어지는 현상이다.

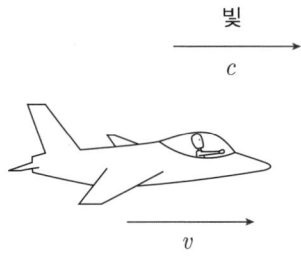

세 번째는 지구 위에 정지해 있는 한 관측자의 관점에서 가상적이지만 속도 c로 달리는 빛에서 빛과 같은 방향으로 속도 u'으로 발사한 한 물체의 속도를 측정하는데, 이 물체의 속도가 $c+u'$이 아니라 c로 주어지는 현상이다.

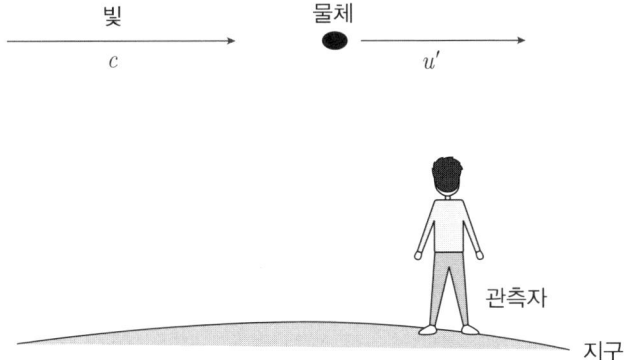

네 번째는 속도 u'으로 달리는 한 물체 바로 옆을 물체가 움직이는 같은 방향으로 빛이 지나갈 때 물체에는 속도계가 부착되어 있어 빛의 속도를 잴 수 있는데, 물체의 관점에서 빛의 속도는 $c-u'$이 아니라 c로 주어지는 현상이다.

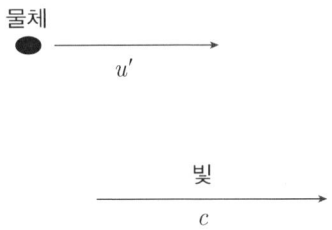

위의 네 가지 현상을 모두 반영하면 속도 v로 달리는 우주선에서 우주선과 같은 방향으로 속도 u'으로 물체를 발사했을 때 정지해 있는 관측자의 관점에서 이 물체의 속도를 구하는 새로운 속도 덧셈 법칙10이 주어진다. 이 새로운 법칙은 시간 지연과 길이 수축 현상과는 하등의 관련이 없으며 갈릴레이의 속도 덧셈 법칙을 보완한 것이라 할 수 있다. 즉, 운동 안에 또 다른 운동이 일어나기 때문에 단순히 두 속도를 더하는 것이 아니라 보정을 하여 정확한 값을 계산한다. 그리고 우연의 일치이지만 이 법칙은 로렌츠 변환에서 유도된 속도 덧셈 법칙[11]과 동일한 모습을 가진다.

이 결과를 바탕으로 상대적으로 속도 v로 움직이는 두 관성계 사이(예를 들면, 한 관성계는 정지해 있고 다른 관성계는 속도 v로 움직이며 어떤 물체를 속도 u'으로 발사한다)의 새로운 좌표 변환[12]을 구할 수 있다. 예상했겠지만 이 새로운 변환의 특징은 로렌츠 변환과는 달리 시간이 절대적으로 표시된다. 그뿐만 아니라 길이도 줄어들지 않는다. 그리고 맥스웰의 파동방정식에 이 새로운 변환을 적용하더라도 정지해 있는 관성계이든 움직이는 관성계이든 파동방정식은 똑같은 형태를 가진다. 자세한 설명은 《The Essence of the Universe》를 참조하기 바란다.

잠시 쉬어 가가

어느 날 세기의 달리기 시합이 열렸다. 첫 번째 선수는 붉은빛이다. 두 번째 선수는 그리스 시대의 '달리기 선수' 아킬레스와 푸른빛으로 구성된 팀인데 아킬레스가 출발선 뒤에 멀찍이 서 있다가 초속 10만 킬로미터로 있는 힘을 다해 출발선에 다다라 출발 신호가 울림과 동시에 푸른빛을 강하게 앞으로 밀어준다. 세 번째 선수는 긴 창을 들고 나온 볼트이다. 볼트도 출발선에서 멀리 떨어진 곳에 있다가 초속 20만 킬로미터로 달려 출발선에 다다랐을 때 창을 초속 25만 킬로미터로 내던진다.

어느 선수가 가장 먼저 결승 라인을 통과하겠는가? 붉은 빛인가? 푸른빛인가? 아니면 창인가? (정답은 161쪽에)

Part 4

시간 지연 현상을 지지하는 실험이나 사례는 아무런 문제가 없는가?

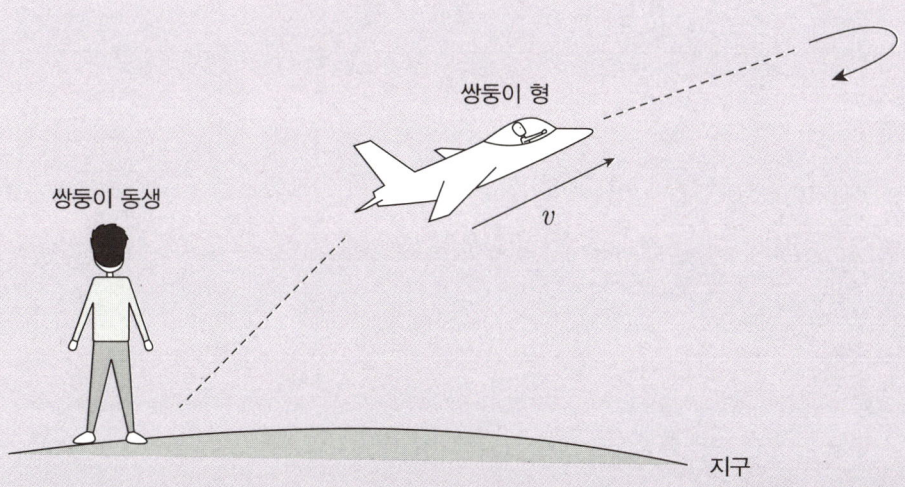

시간 지연 현상과 관련되는 상황과 실험결과에 대한 올바른 해석

✱ ✱ ✱

특수 상대성 이론이 발표된 후 시간 지연 현상을 뒷받침하거나 지지하는 상황과 실험 결과들이 나왔다. 하지만 이 책에서는 시간 지연 현상은 생기지 않는다고 했다. 그럼 시간 지연 현상을 지지하는 상황과 실험 결과들은 어떻게 해석해야 하는가? 이와 관련한 몇 가지 대표적인 예들을 다시 분석해보도록 하자.

쌍둥이 역설

시간 지연 현상과 관련하여 '쌍둥이 역설'이라는 것이 있다. 움직이는 물체의 시간이 정지해 있는 물체의 시간보다 실제로 느리게 간다면 역설이 발생한다는 것이다. 자세히 살펴보자. 한 쌍둥이가 살고 있다. 쌍둥이 형은 우주선을 타고 등속도 v로 우주여행을 하고 쌍둥이 동생은 지구에 남아있다면(지구는 정지해 있는 관성계라고 생각함) 빠른 속도로 움직이는 형의 시간은 천천히 흘러 형이 여행

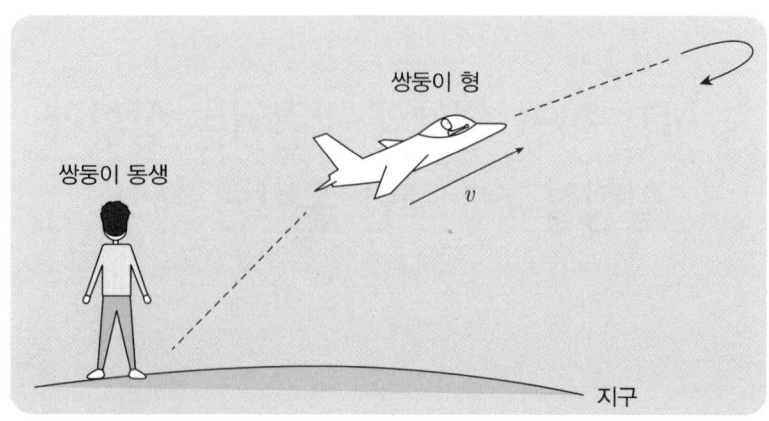

그림 57 쌍둥이 형은 우주선을 타고 등속도 v로 우주여행을 하고 쌍둥이 동생은 지구에 남아 있다.

에서 돌아왔을 때 동생보다 더 젊어져야 한다. 하지만 '갈릴레이의 상대성 원리'에 의하여 빠른 속도로 움직이는 것은 형이 아니라 동생이 된다. 즉, 우주선을 타고 있는 형은 정지해 있고 지구에 있는 동생이 반대 방향으로 속도 v로 움직여 동생이 형보다 더 젊어져야 한다는 것이다. 서로가 젊어져야 한다는 것은 어불성설이다. 그래서 이를 '쌍둥이 역설'이라 부른다(그림 57).

이런 역설이 발생했다는 것은 다름 아닌 모순이 발생했다는 것을 의미한다. 무엇인가 크게 잘못된 것이다. 그런데 이 역설은 다음과 같이 해명하고 있다. 형은 우주여행을 시작할 때 일단 등속도 v에 도달하기 위하여 그리고 목적지에 도착하여 U턴을 하고 지구에 되돌아오기 위하여 최소한 한 번 이상은 가속과 감속을 해야 한다. 반면 지구에 있는 동생은 이런 가속과 감속을 전혀 경험하지 않는다. 그래서 나이를 덜 먹는 쪽은 감속과 가속을 경험하며 여행을 하고 돌아온 형이라고 판단한다.

다른 말로 표현하면 쌍둥이 모두 각각 다른 '시공간'을 이동하는데 여행 중 형이 가속과 감속을 경험한다는 것은 일반 상대성 이론에 의하여 중력장 속을 여행하는 것과 같다. 이것은 또한 형은 휘어진 시공간을 여행하는 것과 같다는 의미다. 반면에 동생은 가속과 감속을 경험하지 않기 때문에 평평한 시공간을 여행하는 것과 같다. 휘어진 시공간을 여행한다는 것은 형이 동생보다 더 먼 거리를 이동한다는 것을 의미하고, 따라서 형의 시간은 동생의 시간보다 더 천천히 흘러야 한다는 논리다. 그러므로 '쌍둥이 역설'은 일어나지 않는다는 것이다.

그런데 위의 해명에는 얄궂은 점이 하나 있다. 특수 상대성 이론에서 이야기하는 '시간 지연'이라는 것은 등속 운동을 할 때 일어나는 현상이다. 등속 운동을 하는 사람이 하지 않는 사람에 비해 더 젊어진다는 주장이다. 형이 동생보다 더 젊어지는 이유가 오직 가속과 감속의 경험에 의해서라면 형에 대한 시간 지연 현상은 등속도 v로 여행하는 것 하고는 아무런 상관도 없다는 뜻이다. 이는 논리적이지도 않고 이치에도 맞지 않다. 따라서 쌍둥이 역설과 같은 모순이 발생하는 이유는 일어나지도 않는 시간 지연 현상이 일어난다고 판단했기 때문이다.

만약 형이 지구로 돌아오지 않고 계속 등속도로 우주여행을 한다면 모순이 생기지 않는다고 주장하는 학자도 있다. 그 이유는 두 쌍둥이 형제는 다시는 만날 수 없고 서로 비교할 수 없기 때문이라고 하는데 이 주장 또한 억지처럼 들린다. 왜냐하면 이론적으로 얻은 수학적, 과학적 결과는 받아들일 수 없고 모두 폐기처분해야 한다는 뜻이기 때문이다.

세슘원자시계 실험

특수 상대성 이론이 발표되고 난 후 '움직이는 장소에 있는 시간은 정지해 있는 장소의 시간보다 실제로 천천히 흐르는지'에 대하여 많은 사람들이 궁금해했다. 이를 뒷받침하거나 입증할 수 있는 현상이나 증거를 직접 눈으로 보고 싶어 했다. 그래서 1971년 하펠과 키팅은 민간 항공기인 보잉 747에 세슘원자시계를 탑재하고 동쪽 방향과 서쪽 방향으로 번갈아 날며 비행기 안의 시간과 워싱턴 D.C의 해군 관측소에 있는 원자시계의 시간을 비교하는 실험을 여러 번 수행했다.

동쪽 방향으로 비행한다는 것은 비행기의 방향이 지구가 움직이는 방향과 같다는 것을 의미하고, 서쪽 방향으로 비행한다는 것은 비행기의 방향이 지구가 움직이는 방향과 반대임을 의미한다. 따라서 항공기가 동쪽 방향으로 비행하면 항공기의 속도에 대한 시간 지연 효과에 의하여 항공기 내의 시간은 지상에 있는 해군 관측소의 시간보다 더 느리게 흘러 184 나노 초의 '손실'이 이론적으로 예상되었다. 항공기가 서쪽 방향으로 비행하면 항공기 내의 시간은 미국 해군 관측소의 시간보다 더 빠르게 흘러 96 나노 초의 '이득'이 예상되었다. 지구의 중력에 의한 효과(동쪽으로 비행할 땐 144 나노 초의 이득 예상, 서쪽으로 비행할 땐 179 나노 초의 이득 예상)까지 포함한 그들의 실험 결과는 예상했던 값과 가깝게 나왔으며 1972년 사이언스 잡지에 발표되었다.

이 책을 통하여 우리는 시간은 절대적이라는 것을 알았다. 그러면 위의 실험에서 항공기의 등속도에 의하여 발생한 '시간의 손실'과 '시간의 이득'은 어떻게 설명할 수 있을까? 그것은 시간의 손실과 시간의 이득이 아니라 세슘원자 안에 있는 전자가 방사한 마이크로파의 진동수가 줄어들거나 늘어난 것이다.

균일하게 흐르는 시간을 측정하기 위하여 고대에 활용한 이집트의 해시계를 비롯하여 중국의 소송이 만든 중세의 물시계, 사슬에 감긴 추를 움직여 종소리를 내는 중세 후기의 추시계, 네덜란드의 호이겐스가 1657년경에 개발한 진자시계, 세슘원자를 이용한 원자시계 등 많은 종류의 시계들이 발명되었다.

세슘원자시계는 원자 내의 전자가 에너지 준위(에너지의 값은 이산적이다. 에너지 준위는 에너지의 높고 낮은 값의 상태를 의미한다)를 바꿀 때 방사하는 마이크로파 시그널(신호)을 사용한다. 오늘날 우리가 알고 있는 1초는 세슘-133 원자의 초미세 전이(에너지 준위 간의 이동)에 의해서 흡수 또는 방출된 마이크로파가 9,192,631,770번 진동하는 동안으로 정의된다. (매초 약 92억 번을 진동한다는 사실이 믿어지지 않지만.) 시간을 재기 위하여 이 마이크로파의 진동을 사용하는 이유는 다른 어떤 물체의 진동보다도 이 진동이 규칙적이고 안정적이기 때문이다.

그러면 세슘원자 내의 전자가 방출한 마이크로파의 파장(진동수)이 비행기와 지구의 운동 방향에 따라 어떻게 변할 수 있는지를 설명하기 위한 한 가지 방법으로 다음을 살펴보자.

그림 58에서처럼 속도 v로 오른쪽 방향으로 움직이고 있는 한 시스템 안에 마이크로파가 단순히 위아래로 반복적으로 진동하고 있다. 이 상황은 과연 무엇과 같다고 할 수 있는가? 바로 그림 59와 같이 시스템은 정지해 있고 파동이 왼쪽으로 속도 v로 움직이는 상황과 같다고 볼 수 있다.

그림 58 　속도 v로 오른쪽 방향으로 움직이는 시스템에서 마이크로파가 단순히 위, 아래로 반복적으로 진동함

우리는 지구가 초속 29.78킬로미터로 태양 주위를 돌고 있다는 것을 알고 있다. (자전에 의한 지구의 회전 속도는 초속 465미터로 공전 속도에 비해 얼마 안 되기 때문에 무시하도록 하자.) 이제 시스템을 비행기로 간주하고 v를 태양 주위를 도는 지구의 속도라 생각하자. 그러면 그림 58의 상황(비행기는 정지해 있다고 봄)은 워싱턴 D. C.의 해군 관측소, 즉 지상에 있는 원자시계의 마이크로파의 운동 상황과 같다고 볼 수 있다.

이제 원자시계를 비행기에 탑재하고 속도 u'으로 비행한다고 하자. 먼저 동쪽으로 비행한다는 것은 비행기의 방향이 지구가 움직이는 방향과 같다고 했다. 그런데 그림 58과 그림 59의 상황이 같다고 할 수 있기 때문에 마이크로파의 방향과 비행기의 운동 방향은 완전히 반대가 된다. 비행기의 속도 u'은 속도 v로 왼쪽으로 움직이는

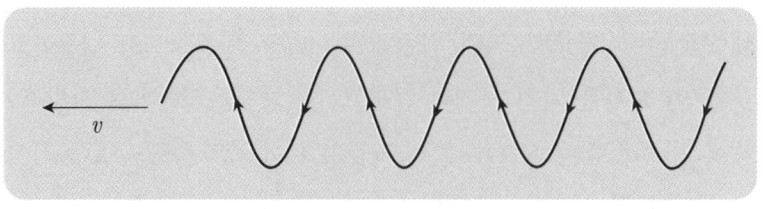

그림 59 　시스템은 정지해 있고 파동이 왼쪽 방향으로 속도 v로 움직임

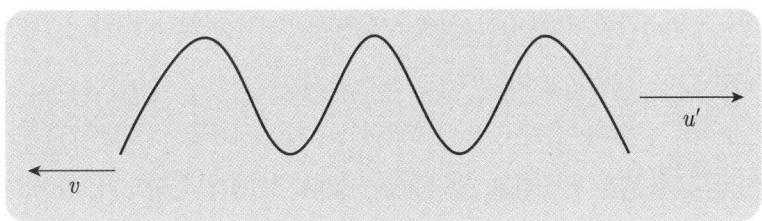

그림 60 비행기가 지구와 같은 방향으로 움직일 때는 마이크로파의 파장이 늘어나 주파수가 줄어든다. 비행기 안의 시간이 천천히 흐른 것이 아니다.

마이크로파를 오른쪽 방향으로 잡아당기는 역할을 한다고 볼 수 있다. 따라서 그림 60처럼 마이크로파의 파장은 늘어나 주파수가 감소한다. 이는 세슘원자시계 안에 있는 전자가 방사한 마이크로파의 주파수가 줄어든 것과 같다고 할 수 있다. 즉, 비행기가 동쪽으로 비행할 때 비행기 안의 시간이 천천히 흐른 것은 아니다.

서쪽으로 비행한다는 것은 비행기의 방향이 지구가 움직이는 방향과 반대이다. 따라서 마이크로파와 비행기의 운동 방향은 같다. 비행기의 속도 u'은 왼쪽으로 속도 v로 움직이는 마이크로파를 뒤에서 미는 역할을 한다고 볼 수 있다. 따라서 그림 61처럼 마이크로파의 파장은 줄어들어 주파수가 증가한다. 이는 세슘원자시계 안에 있는 전자가 방사한 마이크로파의 주파수가 늘어난 것과 같다고

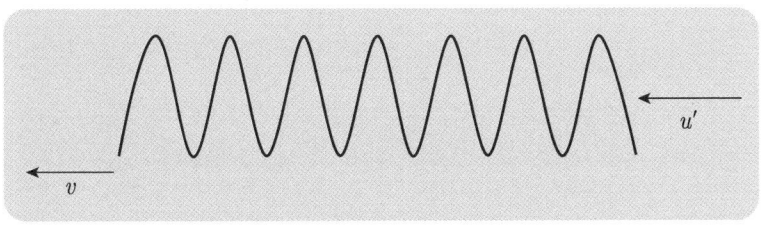

그림 61 비행기가 지구와 반대 방향으로 움직일 때는 마이크로파의 파장이 줄어들어 주파수가 증가한다. 비행기 안의 시간이 빨리 흐른 것이 아니다.

할 수 있다. 즉, 비행기가 서쪽으로 비행할 때 비행기 안의 시간이 빨리 흐른 것이 아니다.

마이크로파의 주파수를 사용한다는 것은 시간을 측정하기 위한 하나의 최첨단 도구라고 생각할 수 있다. 비행기의 속도나 지구의 중력에 의하여 영향을 받은 높은 주파수나, 낮은 주파수는 시간이 빨리 흐르거나, 천천히 흐른다는 것을 의미하지 않는다. 시간의 흐름은 견실하고 언제나 균일하다.

'시공간' 기하의 허점

1908년 독일의 쾰른에서 열린 과학자 대회에서 민코프스키는 독립된 시간과 독립된 공간은 존재하지 않으며 시간과 공간을 결합하여 시공간이라는 4차원 기하학 개념을 제시하였다. 시공간의 시간축은 시간이 빛의 속도로 흐른다는 가정하에 ct로 나타내었다(다음 그림 참조. 공간은 묶어서 한 축으로 나타내었음). 그리고 아인슈타인의 특수 상대성 이론에서 주어지는 시간 지연 현상, 길이 수축 현상은 시공간 그래프를 이용하여도 설명이 가능하다는 것을 보였다.

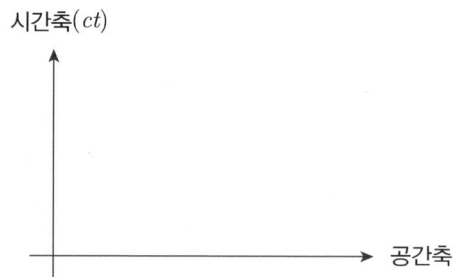

하지만 시간을 한 축으로 나타내는 민코프스키 시공간은 특수

상대성 이론에서 주어지는 결과들을 설명하는 데 의미가 없다는 것을 알 수 있다. 왜냐하면 정지해 있는 사람이든 매우 빠른 속도로 움직이는 빛이든 어느 누구에게나 시간은 똑같이 흐르기 때문이다. 모두에게 시간이 흐르기 때문에 굳이 시간을 한 축으로 나타낼 필요가 없다는 것이다. 구체적으로 살펴보자.

좌표계(관성계) A는 정지해 있고 좌표계 B는 좌표계 A에 대하여 등속도 v로 움직이는데 A의 x-축에만 평행되게 움직인다고 하자. 그러면 좌표계 A의 시공간 그래프의 시간축과 공간축은 서로 직교를 이루지만 좌표계 B의 시공간 그래프의 시간축과 공간축은 좌표계 A의 관점에서 약간 기울어진 것으로 표시된다. 그림 62는 두 좌표계의 원점들이 일치하는 순간이다. (그림에서 공간축이라고 표시했지만 그냥 x-축이라고 생각하자.)

예를 들어, 좌표계 B의 시간축을 수직이 아니라 앞으로 기울어진 것으로 나타낸 이유는 좌표계 B가 속도 v로 오른쪽 방향으로

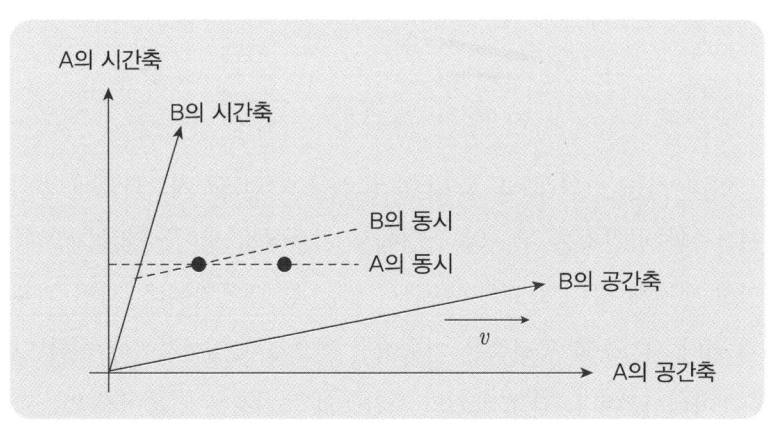

그림 62   좌표계 B는 정지해 있는 좌표계 A에 대하여 등속도 v로 움직이고 있다. 두 좌표계의 원점들이 일치하는 순간이다.

움직임과 동시에 시간은 빛의 속도로 위쪽으로 움직이기 때문이다. 그래서 좌표계 A에서 동시에 일어난 두 사건(검은 두 점으로 표시되었음)은 좌표계 B에서는 동시에 일어난 것이 아니다(두 사건이 B의 동시를 나타내는 점선에 걸려 있지 않음).

시공간 그래프를 이용하여 어떻게 길이 수축 현상을 설명하는지 간략히 살펴보자. 속도 v로 움직이는 좌표계 B의 시공간의 공간축에 한 막대기가 놓여 있다. 그런데 다음 그림과 같이 정지해 있는 좌표계 A의 관점에서 막대기의 길이는 줄어든 것으로 측정된다(비스듬하게 사선 형태로 놓인 것이 수평 선분 형태로 보임). 즉 움직이는 막대기의 길이가 더 짧게 보여 길이 수축 현상을 확인할 수 있다.

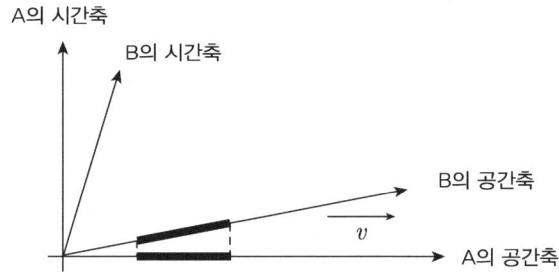

이제 시공간 그래프로 되돌아가 질문을 던져보자. 좌표계 B의 시간축과 공간축은 누구의 관점에서 기울어져 보이는 것일까? 당연히 정지해 있는 좌표계 A에 서 있는 한 관측자이다. 과연 좌표계 B의 시간축과 공간축은 기울어진 것으로 보일까? 이에 대한 답은 "아니다."이다. 좌표계 B의 시간축과 공간축은 기울어진 것으로 보이지 않는다. 왜일까?

비유를 들어보자. 시공간이 아닌 그냥 2차원이나 3차원 공간상에서 독자는 서 있고 독자의 친구가 동쪽인 오른쪽 방향으로 움직인다고 하자. 이때 독자에게 독자의 친구는 단순히 수평으로 멀어져가는 것으로 보인다.

만약 독자의 친구가 동시에 동쪽으로 시속 3킬로미터, 북쪽으로 시속 4킬로미터로 움직인다고 하자. 그러면 서 있는 독자에게 친구는 시속 5킬로미터로 비스듬하게 북동쪽 방향으로 움직이는 것으로 보인다.

 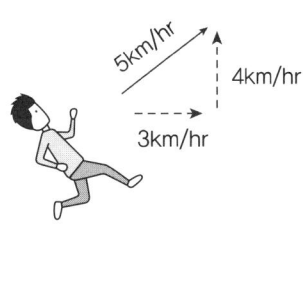

이제 독자의 친구가 위와 같이 동쪽으로는 시속 3킬로미터, 북쪽으로는 시속 4킬로미터로 동시에 움직일 때 독자도 시속 4킬로미터로 북쪽으로 움직인다고 하자. 이때 독자의 관점에서 친구의 움직임은 어떻게 보일까? 그렇다. 독자와 독자의 친구는 북쪽으로 같은 속도로 움직이기 때문에 독자의 눈에는 친구가 수평인 동쪽 방향으로만 움직이는 것으로 보인다.

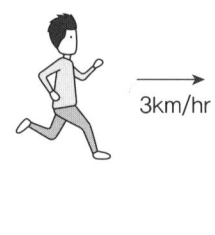

　이제 시공간으로 되돌아가 다시 질문해보자. 정지해 있는 좌표계 A에 한 관측자가 서 있다. 이 관측자에게 오른쪽으로 움직이는 좌표계 B의 시간축과 공간축은 비스듬하게 보일까? 아니다. 좌표계 A에 서 있는 관측자의 시간은 정지해 있는 것이 아니라 빛의 속도로 위로 흐르고 있다(시간이 빛의 속도로 흐른다고 가정한다면). 관측자의 시간 역시 빛의 속도로 흐르고 좌표계 B의 모든 점의 시간도 빛의 속도로 위로 흐르고 있기 때문에 좌표계 B의 공간에 속한 모든 점은 그냥 오른쪽 방향으로 움직인다. 이를 더욱 쉽게 이해하기 위하여 '세계선'이라는 관점에서 접근해보자.

　3차원 공간의 원점에 물체가 가만히 놓여 있다면 시공간에서 이 물체의 궤적은 시간축을 따라 위로 똑바로 올라가는 직선으로 표시된다. 만약 3차원 공간의 원점에서 물체가 오른쪽 방향(x-축)으로 등속도로 움직인다면 시공간에서 이 물체의 궤적은 비스듬하게 사선형태로 올라가는 직선으로 표시된다. 이렇게 물체의 움직임을 시공간 그래프에 표시한 것을 '세계선'이라 부른다. 만약 3차원 공간의 원점에서 보통 물체가 아니라 빛이 오른쪽 방향(x-축)으로 방출되었다면 빛의 세계선은 45°로 대각선 형태로 올라가는 직선이 된다. 왜냐하면 빛이 오른쪽 방향으로 빛의 속도로 움직일 때 시간 역시 빛의 속도로 위쪽인 수직방향으로 흐르기 때문이다. (빛이 원점에서 수평인 모든 방향으로 퍼져나가면 빛이 진행하는 세계는 원뿔 모양이 되며 이를 '빛 원뿔'이라 부른다.) 다만 보통 물체의 속도는 빛의 속도보다 느리기 때문에 보통 물체의 세계선은 시공간의 시간축과 빛의 세계선 사이에 항상 위치한다. 그림 63은 공간축 2개와 시간축 1개로 나타낸 시공간 그래프이다.

그런데 시공간 그래프로 표시된 빛의 세계선이나 빛 원뿔은 누구의 관점에서 그렇게 보이는가? 이에 대한 답은 옆에 서 있는 그 어느 누구에게도 그렇게 보이지 않는다는 것이다. 왜냐하면 옆에 서 있는 사람의 시간도 빛의 속도로 흐르기 때문이다. 서 있는 사람의 시간도 빛의 속도로 위로 흐르고, 오른쪽 방향으로 움직이는 빛에게도 시간은 빛의 속도로 위로 흐르기 때문에

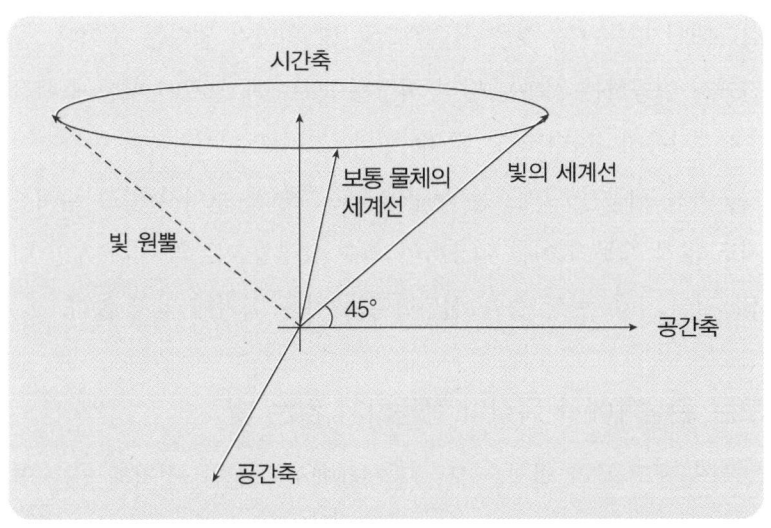

그림 63 시공간 안에 표시된 빛 원뿔. 보통 물체의 세계선은 빛 원뿔 안에 위치한다.

서 있는 사람에게 빛은 단순히 자신으로부터 수평으로 멀어져가는 것으로 보일 뿐이다. 이는 위의 공간상에서 독자와 독자의 친구가 북쪽으로 움직이는 속도가 똑같다면 독자에게 독자의 친구는 수평으로 이동하는 것으로 보이는 것과 같다. 사선으로 올라가는 빛의 세계선이나 빛 원뿔 모양 그리고 시공간 그래프에서 좌표계 B의 비스듬하게 기울어진 시간축을 볼 수 있는 사람은 오직 시간이 정지해 있는 사람뿐이다. 하지만 그런 사람은 없다. 공간(2차원이나 3차원) 안에서는 북쪽으로 이동하지 않는 사람은 있지만 시간이 흐르지 않는 사람은 없기 때문이다. 시공간 그래프를 생각하고 그릴 때 바로 이 점을 놓친 것이다.

우리는 빛의 세계선이나 빛 원뿔 모양을 상상 속에서 그릴 수는 있지만 현실적으로 어느 누구에게도 그렇게 보이지는 않는다. 다시 말하면 서로 등속도로 움직이는 두 관성계(좌표계) 사이에 일어나는 현상을 설명하고자 할 때 공간에 시간축을 결합하여 시공간으로 나타내어 다룬다는 것은 실질적으로 별 의미가 없다는 뜻이다. 공간에서 이동하는 것과는 달리 시간은 모두에게 흐르기 때문에 시간축은 '사용하나마나'라고 할 수 있다. 그러므로 시간축과 공간축이 기울어진 시공간 그래프는 누구에게도 그렇게 보이지 않고 존재하지도 않기 때문에 이를 이용하여 특수 상대성 이론의 시간 지연 현상, 길이 수축 현상 등을 설명한다는 것은 이치에 맞지 않다.

모든 관성계에서 똑같이 행동하지 않는 빛

보통 물체의 물리 법칙은 모든 관성계에서 똑같다. 정지해 있는 열차의 안이든 등속도로 움직이고 있는 열차의 안이든 물체의 운동 모습, 운동 방정식은 같은 형태를 가진다. 예를 들면, 객차의 양쪽 끝에서 중간에 앉아 있는 승객을 향해 공이나 총알을 발사하면 공이나 총알은 열차가 정지해 있든 움직이고 있든 승객에게 동시에 도착한다.

그렇지만 빛은 다르다. 정지해 있는 열차부터 보자. 만약 객차의 양쪽 끝 A', B'에서 중간에 앉아 있는 승객을 향해 빛이 동시에 방출되면 두 빛은 승객에게 동시에 도착한다.

반면 속도 v로 움직이는 열차를 보자. 승객을 향해 객차의 양쪽 끝 A', B'에서 빛이 동시에 방출되면 빛의 속도는 일정하기 때문에(빛의 속도는 열차의 속도에 영향을 받지 않기 때문에) 철로 옆에 서 있는 관측자의 관점이든 승객의 관점이든 B'에서 방출된 빛이 A'에서 방출된 빛보다 먼저 승객에게 도착한다.

따라서 빛은 모든 관성계에서 똑같이 행동하지 않는다. 그렇다고

관성계마다 시간이 다르게 흐르는 것도 아니다. 그저 빛의 고유한 성질일 뿐이다. 그러므로 보통 물체를 다루는 갈릴레이의 상대성 원리에 빛을 포함하여 갈릴레이의 상대성 원리를 확장하는 것에는 무리가 있다고 본다.

일어나지 않는 길이 수축 현상

특수 상대성 이론에서 움직이는 물체의 길이 수축 현상은 시간 지연 현상에 근거하여 도출된다. 즉 시간 지연 현상을 가정하여 움직이는 물체의 수평 길이는 줄어든다는 것을 보여줄 수 있다는 것이다. 하지만 이제 시간 지연 현상이라는 것은 일어나지 않는다는 사실을 안다. 그렇다면 움직이는 물체의 길이는 줄어드는가? 줄어들지 않는가? 이에 대한 답은 "줄어들지 않는다."이다. 그냥 그렇게 보일 뿐이다. 그럼 왜 움직이는 물체의 길이는 줄어드는 것처럼 보일까? 첫째는 물체의 움직임 때문이고 둘째는 빛의 속도가 유한하기 때문이다.

먼저 '물체의 움직임 때문'이란 무엇을 의미하는지 알아보기 위해 일직선을 따라 속도 v로 움직이는 컨베이어 벨트를 생각해보자. 컨베이어 벨트 위에는 맥주병들이 거리 d를 간격으로 일렬로 늘어서 있고 그 옆에는 한 관측자가 서 있다. 맥주병은 1초 동안 거리 d를 움직인다고 하자. 만약 컨베이어 벨트의 속도를 두 배인 $2v$로 올리면 어떻게 될까? 특수 상대성 이론에 의하면 벨트의 길이가 줄어들어 인접하는 두 맥주병들 사이의 거리가 줄어든 것으로 보여야 한다.

과연 벨트의 길이가 실제로 줄어들어 인접하는 두 맥주병 사이의 거리가 줄어든 것으로 보일까? 그건 아니라고 본다. 속도 v로 벨트가 움직이면 맥주병들은 거리 d를 유지하며 벨트와 같은 속도로 움직인다. 옆에 서 있는 관측자의 관점에서는 1초가 경과하는 동안 고정된 거리 d를 맥주병 하나가 '휙' 지나가는 것으로 보인다.

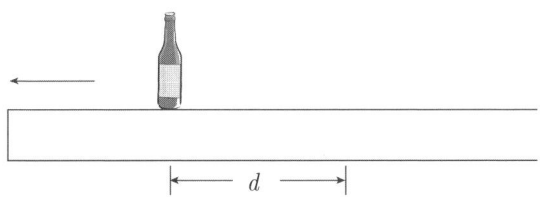

벨트가 두 배의 속도인 $2v$로 움직이면 인접하는 두 맥주병들 사이의 거리는 여전히 d이지만 맥주병들도 벨트와 같은 두 배의 속도로 움직인다. 따라서 관측자의 관점에서 1초가 경과하는 동안 고정된 거리 d를 두 개의 맥주병이 '휙, 휙' 지나가는 것으로 보인다. 즉, 인접하는 두 맥주병 사이의 거리는 반으로 줄어든 것으로 보인다. 벨트의 길이가 실제로 줄어들었기 때문이 아니라 속도가 두 배로 빨라져서 그렇게 보일 뿐이다.

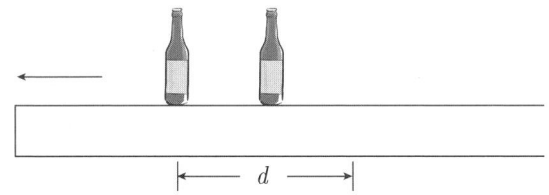

벨트가 네 배의 속도인 $4v$로 움직이면 인접하는 맥주병들은 역시 같은 거리 d를 유지하고 벨트와 같은 속도로 움직인다. 이 경우에는 속도가 네 배로 빨라졌기 때문에 관측자의 관점에서 고정된 거리 d를 매초 4개의 맥주병이 '휙, 휙, 휙, 휙' 지나가는 것으로

보인다. 인접하는 두 맥주병 사이의 거리는 관측자의 관점에서 꼭 사분의 일로 줄어든 것으로 보인다. 물론 벨트의 길이가 실제로 줄어들었기 때문이 아니라 속도가 네 배로 빨라져서 그렇게 보일 뿐이다.

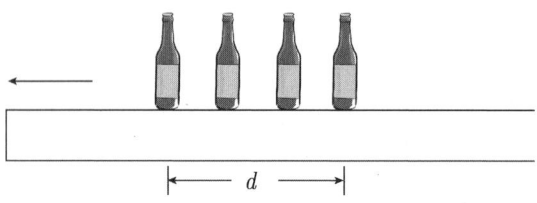

이런 이유 때문에 움직이는 물체의 길이가 줄어든다고 잘못 판단할 수 있다고 여겨진다.

이제 '빛의 속도가 유한하기 때문'이란 무엇을 말하는지 알아보기 위해 정지해 있는 수평 선분이나, 우리 앞을 오른쪽 방향으로 천천히 움직이는(또는 정면으로 우리에게로 천천히 다가오는) 수평 선분을 떠올려 보자.

―――

여기서 중요한 것은 선분에 있는 모든 점들이 우리의 눈으로부터 일정한 거리에 있는 것이 아니라는 점이다. 사실 선분의 중심점이 우리의 눈에서 가장 가깝고(우리의 눈이 선분과 같은 높이로 그리고 선분의 중심 부분에 위치한다면) 앞뒤 양쪽 끝점들이 가장 멀다. 그리고 선분이 보인다는 것은 선분에 반사된 빛이 우리의 눈으로 들어왔기 때문이다. 선분이 정지해 있을 때나 선분이 천천히 움직일 때는 빛의 속도가 선분의 속도에 비해 워낙 빠르기 때문에 비록 선분의 각 점과 우리 눈 사이의 거리에 조금의 차이가 있다 하더라도 선분의 중심점에서 반사된 빛이 우리의 눈에 들어오는 것하고 선분의 양 끝점에서 반사된 빛이 우리의 눈에 들어오는 것 하고는 큰 차이가 없다. 그래서 선분의 각 점에서 반사된 빛들은 거의 동시에 우리의 눈에 들어오는 것으로 판단된다. 따라서 우리 앞에 정지해 있거나 천천히 움직이는 선분은 우리의 눈에 원래 그 모습인, 그 크기를 가진 선분처럼 보인다.

선분이 매우 빠른 속도로(거의 빛에 가까운 속도로) 움직인다면 선분의 중심점에서 반사된 빛이 우리의 눈에 들어오는 것과 선분의 양 끝점에서 반사된 빛이 우리의 눈에 들어오는 것 사이에는 큰 차이가 있다. 선분의 각 점에서 반사된 빛들은 거의 동시에 우리의 눈에 들어오지 않는다. 선분의 속도도 빛의 속도에 버금가기 때문에 선분에 반사된 빛이 우리의 눈으로 들어올 때는 우리의 눈과 가장 가까운 선분의 중심점에서 반사된 빛이 선분의 다른 점에서 반사된 빛보다 먼저 들어온다. 우리의 눈으로 동시에 들어오는 빛들은 우리의 눈으로부터 같은 거리에 있는 빛들이다. 그리고 같은 거리에 있는 빛은 우리의 눈을 중심으로 하여 그려지는 원 위에 위치하는 빛들이라 할 수 있다. 따라서 수평 선분이 빠른 속도로 지나가면(또는 빠른 속도로 우리에게로 다가온다면) 우리의 눈에 그 수평 선분은 다음 그림의 왼쪽과 같이 약간 줄어든 수평 선분 모습으로 보인다. 사실 그림의 오른쪽과 같이 호 위에 위치하는 빛이 우리의 눈에 들어오지만 정면에서 보면 줄어든 수평 선분으로 보인다.

　만약 빛의 속도가 무한이면 선분이 어떤 속도로 움직이든 선분에 반사된 모든 빛이 한 순간에 우리 눈으로 들어와 선분은 원래 크기의 선분 모습 그대로 보일 것이다.

　그러므로 움직이는 물체의 수평 길이가 줄어드는 것처럼 보이는 이유는 실제로 물체의 길이가 줄어들어서가 아니라 물체의 움직임과 빛의 속도가 유한하기 때문이라고 할 수 있다.

　수직 선분도 수평 선분과 마찬가지로 선분이 정지해 있을 때나 천천히 움직일 때는 우리의 눈에 원래 모습대로 그 크기를 가진 선분처럼 보인다. 하지만 수직 선분의 속도가 거의 빛의 속도이면, 선분의 중심점에서 반사된 빛이 우리의 눈에 들어오는 것과 선분의 위아래 양 끝점에서 반사된 빛이 우리의 눈에 들어오는 것 사이에는 큰 차이가 있다. 우리의 눈으로 동시에 들어오는 빛들은 우리의 눈으로부터 같은 거리에 있는 빛들이다. 그리고 같은 거리에 있는 빛은 우리의 눈을 중심으로 하여 그려지는 원 위에 위치하는 빛들이라 할 수 있다. 따라서 수직 선분이 빠른 속도로 우리를 지나치거나 우리를 향해 움직이면 우리의 눈에 그 수직 선분은 호의 모습으로 보인다.

)

그렇다면 거의 빛의 속도로 빠르게 움직이는 사각형 형태의 물체는 정지해 있는 우리에게 어떤 모습으로 보일까? 양쪽 길가에 늘어선 사각형 모습의 건물들 사이로 우리가 거의 빛의 속도로 빠르게 달리면 건물들은 우리에게 어떤 모습으로 보일까? 현실적으로 아직 자동차나 일반 물체를 그렇게 빨리 움직일 수 있게 해주는 수단이나 방법이 없기 때문에 컴퓨터 시뮬레이션을 통해 얻은 결과들만 책이나 인터넷을 통해 확인할 수 있다. 일반적으로 사각형 형태의 물체가 거의 빛의 속도로 달리면 둥근 곡선 형태를 띠는 것으로 나타낸다. 물체의 선분은 호의 모양이 된다는 것이다. 이는 앞에서도 다루었듯이 빛의 속도가 유한하기 때문이다.

거리가 조금 떨어진 장소에 얼굴이 사각형인 사람이 서 있다. 이 사람을 향해 우리가 자동차를 타고 천천히 움직이면 그 사람의 얼굴에 반사된 빛이 우리 눈으로 들어온다. 우리의 속도가 빛의 속도에 비해 매우 느리기 때문에 얼굴의 모습은 원래 모습 그대로 보인다.

자동차의 속도가 거의 빛의 속도이면 그 사람의 얼굴의 모습은 어떻게 보일까? 이미 짐작했겠지만 호나 원과 같은 곡선형태로 보인다.

잠시 쉬어 가자

하루는 해신이가 의아한 표정을 지으며 달신에게 다가와 말했다.

"시간 지연 현상을 지지하기 위하여 전자에 가까운 '뮤온' 이라는 불안정한 입자의 예를 자주 들잖아?"

"그렇지."

"그런데 뮤온이라는 소립자는 우주선이 대기권 상층부를 통과하면서 대기 중 질소 등과 충돌하여 생성된다고 하고, 지상에 있는 뮤온의 평균 수명은 약 2.2×10^{-6}초를 살고 전자와 중성미자로 붕괴된다고 하잖아."

"맞아."

달신이가 맞장구를 쳤다.

"그리고 대기에서 만들어진 뮤온이 지상을 향해 광속에 가까운 속도로 움직이는데 이렇게 빨리 움직이는 뮤온의 수명은 지상에 정지해 있는 뮤온의 수명보다 약 10배~15배 정도 길다고 어떤 실험에 의해 밝혀졌고, 또 빠른 속도로 움직이는 뮤온이 더 오래 살아남는 이유를 움직이는 물체의 시간 지연 현상 때문이라고 했잖아."

"그래, 하지만 숨 좀 돌리면서 이야기해!"

"그런데 참 이상하다…."

"뭐가?"

"거의 빛의 속도로 움직이는 뮤온은 정지해 있는 뮤온에 비해 이미 매우 높은 운동에너지를 갖고 있는데 왜 이런 요인은 두 뮤온의 수명을 서로 비교할 때 고려하지 않는지 모르겠어. 출발점이 서로 다르잖아. 이건 태어날 때부터 엄청난 재산을 상속받은 사람과 가난한 집안에서 무일푼으로 태어난 두 사람이 누가 더 잘 사는지 비교하는 것과 같다고 할 수 있잖아."

"그건 그렇네."

"왜 또 이런 말 있잖아. 운동을 하는 사람은 운동을 안 하는 사람보다 혈색도 좋고 건강하고 훨씬 오래 산다고."

해신이의 그 예리함과 통찰력에 달신이의 입이 쫙 벌어졌다.

"왜!"

136쪽 문제의 정답: 붉은 빛과 푸른 빛 모두 초속 30만 킬로미터로 결승선을 통과한다. 창은 초속 45만 킬로미터가 아니라 초속 28.9만 킬로미터로[13] 결승선에 도착한다. 따라서 두 빛이 공동 우승자이다.

Part 5

광행차가 일어나는 실제 이유는 무엇일까?

별의 광행차가 발생하는 근본적인 이유

✵ ✵ ✵

별의 '광행차'란 지구의 움직임 때문에 별의 위치가 실제 위치보다 조금 다르게, 지구가 움직이는 방향의 조금 앞쪽으로 보이는 현상을 말한다. 그 때문에 별을 관측할 때 망원경을 앞으로 조금 숙여야 별빛이 망원경 렌즈에 제대로(직각으로) 들어온다. 광행차 현상은 1727년에 브래들리에 의해서 발견되었다. 이 현상을 설명하기 위하여 주로 우리가 빗속을 달릴 때 우리에게 비가 어떻게 내리는 것으로 보이는지에 대한 현상을 비유로 든다. 그 이유는 빛의 궤적은 보통 물체인 빗방울의 궤적을 따른다고 생각했기 때문이다. 하지만 이 비유는 옳지 않다. 왜냐하면 앞에서 밝혔듯이 빛의 궤적은 보통 물체의 궤적을 따르지 않기 때문이다. 구체적으로 살펴보자.

수직으로 내리는 빗속에 독자가 서 있다고 하자. 비의 속도는 u'이라고 하자. 독자의 눈에 비는 당연히 수직으로 떨어진다. 따라서 독자가 서 있을 때는 우산을 똑바로 세워야 옷이 비에 젖지 않는다. 이제 수직으로 속도 u'으로 내리는 빗속을 오른쪽 방향으로 속도 v로 달린다고 하자.

그러면 독자에게 비는 비스듬하게 다가오는 것처럼 보인다. 이유는 독자는 서 있고 비가 속도 v로 왼쪽으로 움직임과 동시에 속도 u'으로 수직으로 떨어지는 것과 같기 때문이다. 따라서 빗속을 뛰어갈 때는 독자는 우산을 앞으로 숙여야 비를 맞지 않는다고 생각한다. 앞에서 다루었듯이 이 경우를 "비의 속도는 속도 v에 영향을 받는다."라는 표현으로 나타내도록 하자.

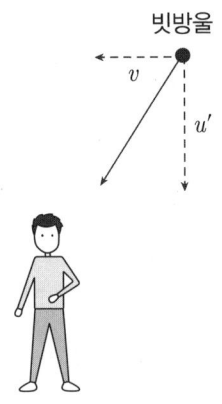

그러나, 빛은 완전히 다르다. 위의 원리는 빛에 적용할 수 없다.

만약에 수직으로 내리는 햇빛 속에 독자가 서 있다면 독자의 눈에 빛은 당연히 수직으로 내리쬔다. 이제 수직으로 내리쬐는 햇빛 속을 오른쪽 방향으로 독자가 속도 v로 달린다고 하자.

그러면 독자의 관점에서 햇빛은 비스듬하게 대각선 형태로 내리쬐는 것처럼 보이지 않는다. 빛의 속도는 속도 v에 영향을 받지 않기 때문이다. (어쩌면 속도 v에 의해 미미하게나마 방향이 바뀔 수 있기 때문에 거의 수직이라고 할 수 있다.)

따라서 비가 사선으로 내리는 것처럼 보이는 현상과 별빛에 대한 광행차 현상은 같은 원리에 의해서 나타난 것이 아니다. 빛의 궤적은 비와 같은 궤적을 따르지 않기 때문이다. 독자는 위의 주장과 오래전 광행차에 대하여 배운 결과 사이에 상충이 일어나기 때문에 당황스럽게 느껴질 것이다. 만약 앞의 그림이 사실이라면 왜 빛은 비스듬하게 비치는 것처럼 보일까? 왜 우리는 멀리서 오는 별빛을 관찰할 때 망원경을 약간 앞으로(밑으로) 숙여야 할까? 광행차가 일어나는 근본적인 이유는 무엇일까? 이 이유를 설명하기 위하여 우리가 빗속을 움직일 때 실제로 어떤 상황이 벌어지는지를 한 번 더 면밀히 분석하고 비와 빛이 비스듬하게 내리는 것처럼 보이는 실제 이유를 파악해보자.

비가 사선형태로 비스듬하게 내리는 것처럼 보이는 실제 이유

수직으로 내리는 빗속을 우산도 없이 서 있으면 빗방울은 독자의 머리 위에 곧바로 떨어질 것이다. 이제 독자는 속도 v_1로 우산도 없이 빗속을 걸어간다고 하자. 독자의 머리 위 같은 높이에서 일렬로 떨어지고 있는 세 개의 빗방울 A, B, C를 생각해보자. 독자가 빗속을 걷고 있기 때문에 먼저 독자의 이마가 빗방울 A와 부딪친다. 얼마 후 독자의 가슴이 빗방울 B와 부딪친다. 독자가 앞으로 걸어가는 동안 빗방울 B는 아래로 조금 내려왔기 때문이다. 얼마 후 독자의 배가 빗방울 C와 부딪친다. 빗방울 C가 더욱 더 아래로 내려왔기 때문이다.

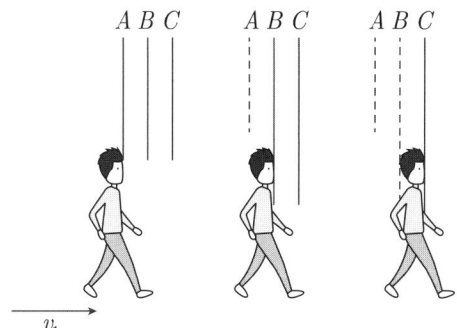

위의 상황은 무엇과 같은지 다른 견지에서 해석해보자. 독자를 수직 선분으로 간주하고 독자의 이마, 가슴, 배가 빗방울 A, B, C를 차례로 만나는 세 점들을 잇는 선분을 생각해보자. 그림 64의 첫 번째 그림과 같이 두 선분 사이에 하나의 각 θ_1이 생긴다. 이제 세 점을 잇는 선분을 잡고 시계방향으로 $\theta_1°$ 회전시키면 그림 64의 두 번째 그림처럼 주어진다. 이는 빗속을 걸으면 비가 비스듬하게 독자에게 내리는 것으로 보이는 것과 같다고 할 수 있다(그림

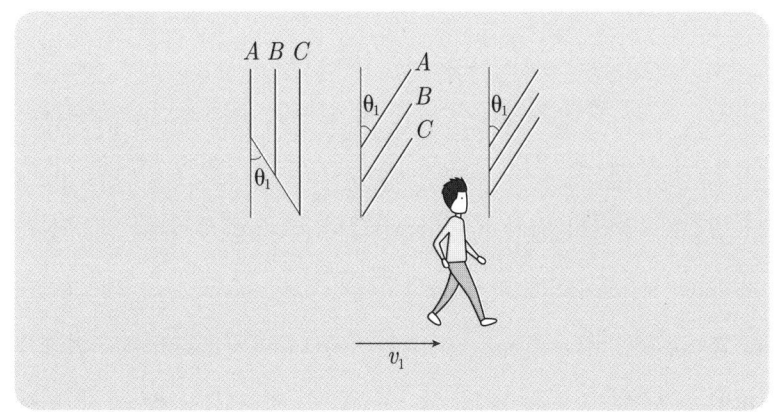

그림 64 걸어가면서 빗방울에 부딪치는 것을 빗방울이 비스듬하게 떨어진다고 생각한다.

64의 세 번째 그림).

이제 독자는 걸을 때보다 더욱 빠른 속도 v_2로 달린다고 하자. 그리고 독자의 머리 위 같은 높이에서 일렬로 떨어지고 있는 세 개의 빗방울 A, B, C를 생각해 보자. 독자가 빗속을 뛰고 있기 때문에 먼저 독자의 이마가 빗방울 A와 부딪친다. 얼마 후 독자의 가슴이 아니라 독자의 코가 빗방울 B와 부딪친다. 독자가 앞으로 뛰어가기 때문에 걸어서 갈 때보다 빗방울 B는 아래로 조금 덜 내려왔기 때문이다. 얼마 후 독자의 턱이 빗방울 C와 부딪친다.

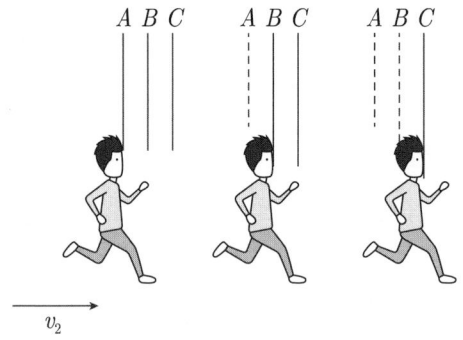

이 경우 독자를 수직 선분으로 간주하고 독자의 이마, 코, 턱이 빗방울 A, B, C를 차례로 만나는 세 점들을 잇는 선분을 생각해보자. 그림 65의 첫 번째 그림과 같이 두 선분 사이에 하나의 각 θ_2가 생긴다. 당연히 θ_2가 θ_1보다 더 크다. 그리고 세 점을 잇는 선분을 잡고 시계방향으로 $\theta_2°$ 회전시키면 그림 65의 두 번째 그림처럼 주어진다. 이는 빗속을 달리면 비가 더욱 비스듬하게 독자에게 내리는 것으로 보이는 것과 같다고 할 수 있다(그림 65의 세 번째 그림).

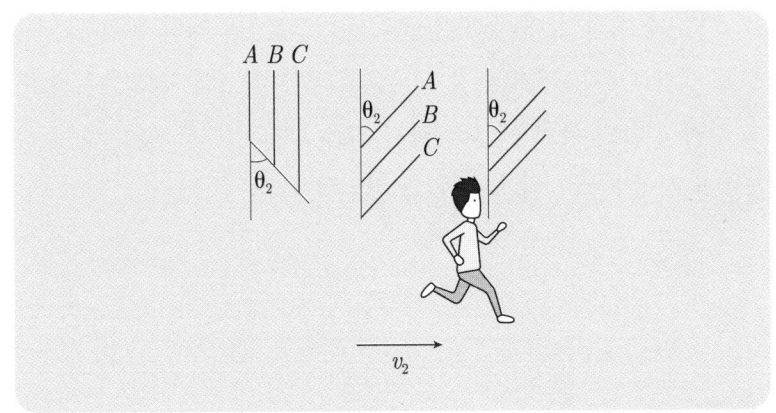

그림 65 뛰어가면서 빗방울에 부딪치는 것을 빗방울이 더욱 더 비스듬하게 떨어진다고 생각한다.

결론적으로 독자가 빗속을 움직일 때 비는 비스듬하게 내리는 것으로 보인다. 비의 속도에 독자의 속도가 영향을 준 것으로 보이기 때문이다. 하지만 빗속을 움직일 때 비가 비스듬하게 내리는 것으로 보이는 실제 이유는 독자가 수직으로 얌전히 내리고 있는 빗방울로 다가가 부딪치기 때문이다!

별의 광행차가 발생하는 근본적인 이유

이제 별의 광행차가 발생하는 근본적인 이유를 밝혀보자. 독자도 대충 감을 잡았으리라 생각한다. 별은 지구로부터 충분히 멀리 있어 별에서 오는 별빛 사이의 거리는 일정하다고 가정하자. 즉, 별빛은 수직에 대해 $α°$ 기울어진 상태에서 지구에 평행하게 비친다고 하자. ($α$는 '시작' 또는 '처음'을 의미한다.)

이제 독자의 얼굴 또는 '수직 선분'이 속도 v로 별빛 속을 움직인다고 하자. 수직 선분 위의 거의 같은 높이(수평에서 시계방향으로 $\alpha°$ 기울어진 상태)에서 일렬로 다가오는 세 개의 광선 A, B, C를 생각해보자. 먼저 수직 선분의 윗부분이 A와 부딪친다. 얼마 후 수직 선분의 중간 부분이 광선 B와 부딪치고 또 얼마 후 수직 선분의 아랫부분이 광선 C와 부딪친다.

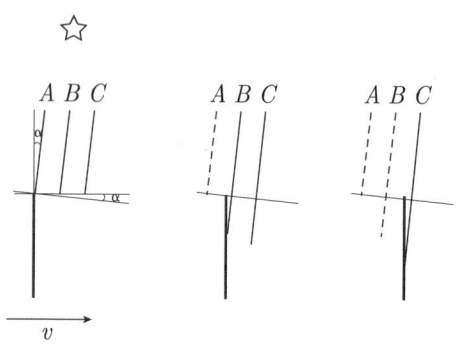

이 경우 수직 선분과 수직 선분이 세 광선과 차례로 만나는 세 점들을 잇는 선분을 생각해보자. 그림 66의 첫 번째 그림과 같이 두 선분 사이에 하나의 각 θ가 생긴다. 세 점을 잇는 선분을 잡고 시계방향으로 $\theta°$ 회전시키면 그림 66의 두 번째 그림처럼 주어진다. 이 θ가 지구의 속도 v에 대한 광행차의 정도이다.

망원경을 이용하여 별을 관측한다면 망원경의 속도도 v가 된다. 따라서 망원경을 수직을 중심으로 $\alpha+\theta°$ 비스듬하게 기울여주어야 별빛은 망원경의 렌즈에 수직으로 들어온다(그림 66의 세 번째 그림). 지구의 공전 속도 v에 의하여 일어나는 광행차의 정도는 $\theta=0.0057°$로 알려져 있다. 만약 별빛이 수직을 기준으로 $\alpha=10°$ 정도 앞쪽으로 치우친 상태에서 내리쬔다면 망원경을 수직에 대하여 $10.0057°$가 되게 비스듬하게 앞쪽으로 기울여주어야 한다.

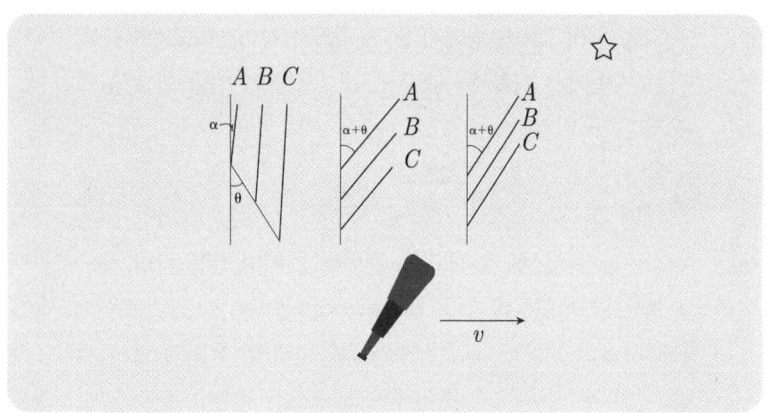

그림 66 망원경이 지구와 같은 속도로 앞으로 나아갈 때 내리고 있는 별빛에 부딪치는 것을 별빛이 비스듬하게 비친다고 생각한다.

결론적으로, 빛의 속도는 지구의 속도 v에 영향을 받지 않는다. 빛은 빗방울과 다르다. 그럼에도 불구하고 우리가 달릴 때 별빛이 우리에게 비스듬하게 다가오는 것처럼 보이는 이유는, 우리가 망원경이 얌전히 내리쬐고 있는 별빛에 달려가 부딪치기 때문이다. 이것이 바로 광행차 현상이 일어나는 근본적인 이유이다.

> 잠시 쉬어 가자
>
> 흥미롭고 도전적인 문제를 하나 던져보겠다. 독자는 지붕이 없는 자동차를 몰고 사랑하는 연인과 함께 라디오에서 흘러나오는 감미로운 음악을 들으며 드라이브를 즐기고 있다.

그런데 라디오 방송에서 곧 소나기가 쏟아진다고 한다. 독자는 빗속에서 차를 몰 때 자신이나 연인이 비를 한 방울도 맞지 않게 할 수 있는가?

할 수 있다? 할 수 없다?

어떤 독자는 이렇게 생각할 것이다. 빗속을 달리면 비는 비스듬하게 사선으로 내리는 것으로 보이며, 자동차의 속도가 빠르면 빠를수록 더욱 비스듬하게 내리는 것으로 보인다. 그래서 비스듬하게 내리는 비가 자동차의 앞 유리에 막혀 자동차 안으로 들어오지 못할 정도의 속도로 충분히 빨리 달린다면 옷이 젖지 않을 것이라고.

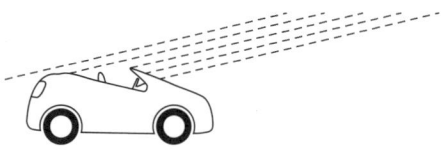

그러나 실질적으로 비가 사선으로 내리는 것은 아니다. 달리는 독자에게 그렇게 보일 뿐이다. 멀리서 이를 서서 지켜보고 있는 사람에게는 여전히 빗방울은 달리는 자동차 위에서 수직으로 떨어지고 있다.

좀 더 상세히 알아보자. 자동차는 지붕이 없다. 자동차가 빗속을 달릴 때 자동차에 탑승한 독자와 독자의 연인은 앞으로 나아가며 수직으로 내리고 있는 빗방울에 가서 부딪친다. 수직으로 내리는 빗방울이 얼마나 많이 자동차 안으로 떨어지는지는 자동차의 속도에 달려 있다. 속도가 느리면 비에 노출되는 시간이 길어지므로 많은 빗방울이 자동차 안으로 떨어져 탑승자의 옷을 더욱 젖게 한다. 속도가 빠르면 적은 양의 빗방울이 자동차 안으로 떨어져 탑승자의 옷을 덜 젖게 한다.

그럼 만약 자동차의 속도가 빛의 속도보다 더 빠르다면? 애석하지만 아무리 빠른 속도로 달리더라도 언젠가는 빗방울이 자동차 안으로 떨어진다. 그럼 정답은? (정답은 183쪽에)

동일한 현상의 서로 다른 표현인 전기력과 자기력에 관하여

* * *

이 내용은 일반 독자들에게는 조금 생소하고 어려울 수 있다. 혹시 이 부분을 건너뛰고 싶은 충동이 일더라도 한번 도전해보기 바란다. 결코 어렵지 않다.

이 주제의 골자는 다음과 같다. 전기를 띠고 있는 물체 사이에 작용하는 전기의 힘인 **전기력**과 자석과 같이 서로 끌거나 밀어내는 자기의 힘인 **자기력**은 동일한 현상의 서로 다른 표현이라는 것이다. 즉 이 두 힘은 이름만 다르지 거의 같다는 것이다. 먼저 '전기력과 자기력은 동일한 현상의 서로 다른 표현'이라는 구절에 대하여 비유를 들어보도록 하자.

어느 날 독자는 길을 걷고 있는데 길 건너편에 얼마 전에 알게 된 이성 친구가 서 있는 것을 보았다. 독자는 이상하게도 서 있는 친구의 늠름한 자태에 끌렸다. 이번엔 독자가 길 위에 서 있는데 길 건너편에서 그 이성 친구가 독자가 걸었던 방향과 반대로 걷고 있는 것을 보았다. 독자는 걷고 있는 친구의 생기발랄하고 활달한 모습에 그만 또 확 끌렸다. 그래서 '끌렸다' 또는 '끌어당기는 힘'이라는 관점에서는 '늠름한 자태력'과 '생기발랄하고 활달한 모습력'은 동일한 현상의 서로 다른 표현이라고 할 수 있다는 것이다.

지금까지는 '전기력과 자기력은 동일한 현상의 서로 다른 표현'이라는 것을 보여주기 위하여 전류가 흐르는 도선과 도선 밖 근처에 있는 음전하가 상대적으로 움직일 때 일어나는 특수 상대성 이론의 길이 수축 현상을 활용하였다. 하지만 이제 길이 수축 현상은 일어나지 않는다는 것을 알고 있다. 그 대신에 이 책에서 소개한 새로운 변환의 속도 덧셈 법칙을 이용하면 "전기력과 자기력은 '거의' 같은 게 아니라 '정확하게' 같다."라는 것을 보여줄 수 있으므로 '전기력과 자기력은 진정으로 동일한 현상의 서로 다른 표현'이라는 것을 보여줄 수 있다.

본론으로 들어가자. 전류가 흐르는 구리 등과 같은 도선과 도선 밖 근처에 음전하($-q$로 표시)가 있다. 도선이 정지해 있고 음전하가 움직이는 경우 도선의 주위에는 **자기장**이 생겨 음전하는 '자기력'에 의해 도선 쪽으로 끌리는 현상이 발생한다. [자기력의 한 예로는 쇳가루가 좌석에 달라붙는 경우나 나침반을 들 수 있다. 나침반의 N극(빨간색 바늘)이 S극이 있는 지구의 북쪽을 가리킨다.]

이 상황은 갈릴레이의 상대성 원리에 의하여 음전하는 정지해 있고 도선이 움직이는 경우와 동일하다고 할 수 있다. 그래서 음전하를 고정하고 전류가 흐르는 도선을 반대 방향으로 움직이는 경우 도선의 주위에는 **전기장**이 생겨 음전하는 '전기력'에 의해 도선 쪽으로 끌리는 현상이 발생한다. (전기력의 한 예로는 플라스틱 빗으로 머리를 빗을 때 머리카락이 빗에 딸려오는 것을 들 수 있다.)

그래서 지금까지는 특수 상대성 이론의 길이 수축 현상을 이용하여 왜 음전하를 고정하고 전류가 흐르는 도선을 반대 방향으로 움직이는 경우 도선의 주위에는 전기장이 만들어지는지를 설명하고 "전기력과 자기력은 거의 같다."라는 것을 보여주었다. 그리고 이를 '전기력과 자기력은 동일한 현상의 서로 다른 표현'이라고 받아들이고 있다.

하지만 이제는 길이 수축 현상은 일어나지 않는다는 것을 안다. 그렇게 보일 뿐이다. 그러나 이 책에서 소개한 새로운 변환의 속도 덧셈 법칙을 이용하면 왜 음전하를 고정하고 전류가 흐르는 도선을 반대 방향으로 움직이는 경우 도선의 주위에는 전기장이 만들어지는지를 설명하고 "전기력과 자기력은 정확하게 같다."는 것을 보여 줄 수 있다. 따라서 우리 모두는 이제 '전기력과 자기력은 진정으로 동일한 현상의 서로 다른 표현'이라고 할 수 있는 것이다.

그림 67과 같이 정지해 있는 도선의 외부에 음전하 $-q$가 오른쪽 방향으로 속도 v로 움직이고 도선 내부에 전류 I가 반대 방향인 왼쪽으로 흐른다고 하자. 도선 내부에는 양전하 ⊕도 있고 자유전자 ⊖도 있는데 양전하 ⊕는 정지해 있고 자유전자 ⊖는 속도 v로 오른쪽 방향으로 움직인다. 전류가 흐르는 방향은 자유전자가 움직이는 방향과 항상 반대이다.

도선이 정지해 있을 때 인접하는 두 양전하와 인접하는 두 자유전자 사이의 거리는 똑같다고 하자. 그러면 전류가 흐르는 도선 주위에는 자기장이 생겨 음전하 $-q$는 도선으로부터 자기력을 받는다. 즉, 음전하 $-q$는 자기력에 의해 도선 쪽으로 끌린다. 물론 도선 주위에 전기적인 힘을 발휘하는 전기장은 만들어지지 않는다.

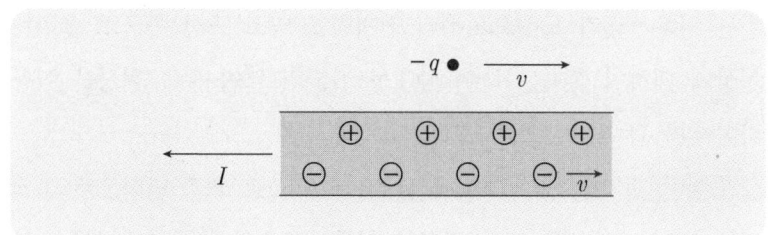

그림 67　도선은 정지해 있으며 도선 밖의 음전하 $-q$는 오른쪽 방향으로 속도 v 로 움직이고, 도선 내의 전류 I는 왼쪽 방향으로 흐른다. 도선 내부의 양전하 ⊕는 정지해 있고 자유전자 ⊖는 속도 v로 오른쪽 방향으로 움직인다. 음전하 $-q$는 도선으로부터 자기력을 받고 도선 쪽으로 끌린다.

왜냐하면 인접하는 두 양전하와 인접하는 두 자유전자의 거리가 같기 때문에 도선 안에는 단위 부피당 같은 수의 양전하와 자유전자가 존재하고 따라서 같은 양전하량과 음전하량이 존재하여 전기적으로 중성이 되기 때문이다.

그런데 위의 상황은 그림 68과 같이 음전하 $-q$가 정지해 있고 도선이 왼쪽 방향으로 속도 v로 움직이는 상황과 같다고 볼 수 있다. 이 경우 도선 밖의 음전하 $-q$는 자기력이 아니라 전기력을 받는다. 즉, 음전하 $-q$는 전기력에 의해 도선 쪽으로 끌리게 된다.

음전하 $-q$가 정지해 있고 도선이 왼쪽 방향으로 속도 v로 움직

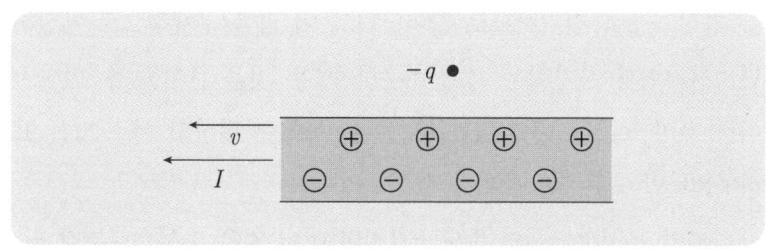

그림 68　음전하 $-q$는 정지해 있고 도선이 왼쪽 방향으로 속도 v로 움직인다. $-q$는 도선으로부터 전기력을 받고 도선 쪽으로 끌린다.

이는 경우 $-q$가 도선으로부터 전기력을 받고 도선 쪽으로 끌리는 현상에 대하여 혹자는 특수 상대성 이론의 길이 수축 현상을 이용하여 다음과 같이 설명하고 있다.

도선이 정지한 상태(그림 67)에서 속도 v로 왼쪽 방향으로 움직이게 되면(그림 68) 도선 내의 양전하 ⊕는 정지한 상태에서 속도 v로 왼쪽 방향으로 움직이기 때문에 길이 수축 현상에 의하여 인접하는 두 양전하 사이의 길이가 줄어든다. 반면에 오른쪽 방향으로 움직이고 있든 자유전자(그림 67)는 도선이 왼쪽 방향으로 움직임으로써(그림 68) 자유전자의 속도는 서로 상쇄된다. 즉 도선 근처에 정지해 있는 $-q$의 관점에서 자유전자는 정지한 것으로 보인다는 것이다. 자유전자 ⊖가 움직이는 상태에서 정지한 상태로 바뀌었기 때문에 인접하는 두 자유전자 사이의 길이는 줄어든 상태에서 복원되어 늘어난다.

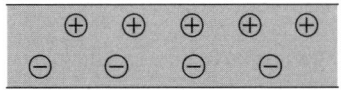

그래서 도선 내부에는 단위 부피당 양전하의 수가 자유전자의 수보다 더 많아 양전하 밀도가 더 높아진다. 따라서 도선은 음전하를 가진 $-q$를 전기력으로 끌어당기고 이 양을 구체적으로 계산하면 "전기력과 자기력은 서로 비슷하다."는 것을 보여줄 수 있다.[14] 이를 우리 모두는 '전기력과 자기력은 동일한 현상의 서로 다른 표현'이라 받아들이고 있다.

하지만 음전하 $-q$의 속도 v가 0이 아닌 경우 도선으로부터 $-q$가 받는 전기력과 자기력은 똑같다고 할 수 없다. 특히 $-q$가 자유전자 ⊖의 속도 v보다 더욱 빠른 속도로 움직이는 경우, 도선으로부터 $-q$가 받는 자기력과 전기력에는 상당한 차이가 발생한다. 또한 이 책에서 길이 수축 현상은 일어나지 않는다고 했기 때문에 특수 상대성 이론의 '길이 수축' 방법은 더 이상 사용할 수가 없다.

이제 133쪽에 소개한 새로운 좌표 변환에 대한 속도 덧셈 법칙을 이용해 보도록 하자. 관건은 그림 68에서 도선이 움직일 때 도선의 움직임 속에 또 다른 자유전자의 움직임(운동 안에 운동)이 있다는 것이다. 도선이 왼쪽으로 속도 v로 움직인다는 것은 도선 내부의 양전하 ⊕도 이 속도로 왼쪽 방향으로 움직인다는 의미다. 반면에 도선 내부의 자유전자는 오른쪽 방향으로 속도 v로 움직이고 있었다. 그래서 도선 내부의 양전하 ⊕들의 관점에서는 자신들은 같은 거리를 유지하며 정지해 있고 자유전자가 속도 $2v$로 다가오거나 지나간다고 할 수 있다. 사실 $2v$가 아니라 운동 안에 또 다른 운동이 일어나기 때문에 속도 덧셈 법칙에 의하여 $2v$보다 낮은 속도[15]로 다가오거나 지나간다. 이는 다음에 비유할 수 있다.

하루는 독자가 길을 걷는데 저만치서 안면이 있는 사람이 독자에게로 걸어오고 있다는 것을 알았다. 죽마고우였다. 두 사람의 눈이 서로 마주치는 순간 독자의 친구도 독자를 한눈에 알아보았다. 둘은 너무나 반가워 서로를 향해 초속 100킬로미터로 달려갔다. 그럼 독자의 관점에서 친구의 속도는 얼마로 보일까? 독자는 정지해 있고 독자의 친구가 초속 200킬로미터로 다가오는 것이 아니라 초속 200킬로미터보다 조금 낮은 초속 199.99998킬로미터[16]로 다가오는 것처럼 보일 것이다.

그러면 각 양전하의 입장에서 각각의 자유전자가 $2v$보다 낮은 속도로 자신을 지나간다는 것은 무엇을 의미할까? 그것은 도선 내부에서 자유전자의 속도는 양전하의 속도(v)보다 느리다는 것을 의미한다. 즉, 양전하의 속도가 자유전자의 속도보다 조금 더 빠르다는 것이다. 이는 인접하는 두 양전하의 사이는 인접하는 두 자유전자의 사이보다 더 좁다는 것을 뜻한다.

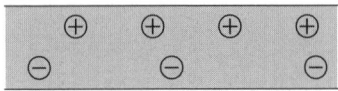

그래서 도선 내부에는 단위 부피당 양전하의 수가 자유전자의 수보다 더 많아 양전하 밀도가 더 높아진다. 따라서 도선은 음전하를 가진 $-q$를 전기력으로 끌어당긴다. 구체적으로 계산하면 "전기력과 자기력은 서로 똑같다."라는 것을 보여줄 수 있으므로 '전기력과 자기력은 진정으로 동일한 현상의 서로 다른 표현'이라고 할 수 있다.17 게다가 음전하 $-q$가 도선 외부에서 어떠한 속도로 움직이더라도 역시 "전기력과 자기력은 서로 똑같다."라는 것을 보여줄 수 있다. 세부적인 내용에 대해서 관심 있는 독자는 《The Essence of the Universe》를 참조하기 바란다.

잠시 쉬어 가기

달신이가 하루는 어깨를 으쓱하며 득의양양하게 말했다.

"한 주에 일곱 개의 요일이 있어. '월, 화, 수, 목, 금, 토, 일' 무지개에는 일곱 개의 색깔이 있고, '빨, 주, 노, 초, 파, 남, 보' 그리고 전자기파에도 일곱 개의 파가 있지. '감마선, X선, 자외선, 가시광선, 적외선, 마이크로파, 전파'"

"와!"

해신이가 감탄했다. 그리고 고개를 갸우뚱하며 말했다.

"이상하네⋯ 왜 모두 일곱 개이지. 내가 가진 신조도 모두 일곱 개야! '기본을 성곽처럼 튼튼히 하자', '바탕에 흐르는 원리를 명확히 꿰뚫자', '망설이지 말고 일단 시작하자', '항상 긍정적인 마음을 갖자', '비틀고 뒤집고 늘리고 엉뚱하면서도 통통 튀는 발상을 하자', '안이한 생각의 틀에서 빠져나올 수 있도록 자신을 채찍질하고 위험에 빠뜨리자', '끊이지 않게, 없으면 만들어가며 희망을 품자'"

"……"

173쪽 문제의 정답: 오직 자동차의 속도가 무한일 때만, 자동차가 우주 이쪽 끝에서 우주 저쪽 끝까지 순간적으로 이동할 때만, 차 안으로 비가 단 한 방울도 들어오지 않으므로 옷이 전혀 젖지 않는다. 실망스럽겠지만 시원하게 내리는 비를 맞고 연인과 함께 드라이브를 하는 것도 좋은 추억거리가 되지 않을까 생각한다.

시간은 존재하는가?

* * *

　　　　　　시간이란 무엇일까? 시간은 실재하는 그 무엇인가 아니면 추상적인 개념인가? 시간은 흐르는 것 같기도 한데 미래를 향해 오직 한쪽 방향으로만 계속 흐르는 것처럼 느껴진다. 이를 '시간의 화살'이라 부른다. 왜 시간은 한쪽 방향으로만 흐를까? 참 많은 사람들이 던졌고 지금도 던지고 있는 질문들이다. 그래서인지 오래 전부터 수많은 과학자들이 이런 질문들에 대하여 연구도 하고 논쟁도 하며 나름대로 각자의 견해를 밝혔다.

　어떤 이는 지속적으로 진행하는 절대적인 우주시간이 존재한다고 했다. 어떤 이는 시간이라는 것은 존재하지 않지만 시간이 흐르는 것처럼 느껴지는 것은 천체의 운동, 물질의 운동 때문이라고 했다. 어떤 이는 시간은 절대적이지 않고 보는 사람에 따라 다르다고 했다. 시간에 대한 개념은 이처럼 각양각색이다.

　혹자는 이렇게 생각할 것이다. 2016년 2월 12일, 13개국과 많은 과학자들이 참여한 연구단(LIGO: 레이더 간섭계 중력파 관측소)에 의하여 두 개의 블랙홀이 충돌하면서 합쳐질 때 발생한 중력파(중력파의 존재는 아인슈타인이 예측하였음)를 검출하는 데 성공했다는 사실을 공식적으로 발표까지 한 상태에서 '시간이 존재한다, 안 한다'에 대한 논쟁 자체가 가당키나 하겠냐고. 왜냐하면 중력파란 시간과 공간이 결합된 시공간의 파동, 시공간의 뒤틀림이라 정의하고 있기 때문이다. 하지만 앞에서도 시공간에 대해서 다루었지만 두 블랙홀의 충돌은 시간하고는 상관없이 오직 공간상에서만 일어나는 모습일 뿐이다. 왜냐하면 시간이란 누구에게나 똑같이 흐르기 때문이다.

그럼에도 불구하고 시간과 공간 등 우주에 대해서 연구를 하다 보면 직관에 위배되는 이상한 현상이나 모순이 발생한다고 했다. 왜 그럴까? 그것은 우리가 물체의 운동을 묘사할 때 존재하지도 않는 시간이라는 개념, 속도라는 개념을 사용하기 때문인지도 모른다. 다음을 주시하자.

'에너지 차이의 법칙'으로 움직이는 세상

먼저 지금처럼 우주에 시간과 속도의 개념이 있다고 가정해보자. 그리고 다음 상황들을 비교해보자.

상황 1. 우주에 시간과 속도 개념이 있는 경우: 단순한 총알 운동

질량이 0이 아닌 총알이 등속도 u'으로 하늘을 가로지르고 있다고 하자. 우리가 땅 위에 서서 총알의 속도를 측정한다면 당연히 u'으로 주어진다.

이제 우리는 등속도 u'으로 움직이는 전투기를 타고 등속도 u'으로 움직이는 총알과 함께 나란히 같은 방향으로 하늘을 난다고 하자. 그러면 우리의 입장에서 총알은 우리 바로 옆에 정지해 있는 것으로 보인다. 즉, 총알의 속도는 0으로 측정된다.

총알을 빛으로 대체해보자.

상황 2. 우주에 시간과 속도 개념이 있는 경우: 단순한 빛 운동

우리가 땅 위에 서 있을 때 하늘을 가로지르는 빛의 속도를 측정한다면 빛의 속도는 c로 주어진다. 이 경우 빛은 위아래를 오르내리는 일반적인 파동의 모습을 띠며 나아간다.

이제 우리가 거의 빛의 속도로 달릴 수 있다고 가정하자. 만약 빛과 우리가 함께 나란히 같은 방향으로 움직인다면 우리의 입장에서 빛의 속도는 역시 c로 측정된다. 총알과 달리 빛은 거의 정지해 있는 것으로 보이지 않는다. 빛의 속도는 거의 0으로 측정되지 않는다. 이 경우는 우리가 서 있고 빛은 오르락내리락하는 파동의 모습이 아니라 거의 수평선의 형태를 띠며 속도 c로 나아간다고 볼 수 있다.

빛이 1초 동안 나아갈 수 있는 거리는 약 30만 킬로미터로 유한하고 우리도 빛의 속도로 달린다면 1초 동안 나아갈 수 있는 거리는 약 30만 킬로미터인데 왜 빛은 총알과 같이 정지해 있는 것으로 보이지 않고 우리가 서 있든 어느 속도로 움직이든 항상 속도 c로 우리에게서 멀어지는 것처럼 보이는 것일까? 왜 상황 2에서는 상황 1과 같은 결과가 나오지 않을까? 직관에 상충되는 기이한 현상이다. 물론 광속의 일정성에 대한 근본적인 이유는 앞에서 규명했지만 왜 이런 현상 자체가 일어날까? 무엇이 잘못되었을까?

그렇다! 잘못된 것이 있다. 그것은 있지도 않은 시간과 속도 개념을 사용했기 때문이다. 그래서 위와 같은 이해할 수 없는 현상이, 모순이 발생한다.

우주 안에는 질량과 에너지 두 가지 형태가 있다고 하지만 아인슈타인의 질량-에너지 등가원리[18]에 의해서 사실 우주에는 에너지만 있다고 볼 수 있다. 우주 안에는 움직이지 않는 것은 하나도 없다. 모든 것이 움직인다. 움직임이 강한 것은 높은 에너지를 가지고 움직임이 약한 것은 낮은 에너지를 가진다고 생각할 수 있다. 극한 경우인 블랙홀과 같이 움직임이 상당히 강한 것은(파동의 주파수가 상당히 높은 것은) 상당히 응축된, 높은 에너지를 가지고, 움직임이 전혀 없는 것은(파동이 국수 가락처럼 수평으로 길게 늘어진 것은) 에너지가 0이라고 볼 수 있다.

이제 우주에는 시간과 속도라는 개념이 없고 오직 운동하는 물질과 에너지만 있다고 상정해보자. 그래서 모든 것을 에너지의 차이로 보도록 하자. 그러면 직관에 위배되는 모든 것이 마술처럼 해결된다. 상황 1과 2를 이 가정에 준하여 다시 살펴보자.

상황 1'. 우주에 에너지만 있는 경우: 단순한 총알 운동

총알이 하늘을 가로지르고 있다고 하자. 우리가 땅 위에 서서 위를 쳐다보면 에너지를 가진 총알(0의 값을 가지지 않은 에너지)을 보게 된다.

이제 우리는 전투기를 타고 총알과 함께 나란히 같은 방향으로 하늘을 난다고 하자. 그러면 우리의 입장에서 총알은 우리 바로 옆에 정지해 있는 것으로 보인다. 즉, 총알의 에너지는 0으로 측정된다.

상황 2′. 우주에 에너지만 있는 경우: 단순한 빛 운동

우리가 땅 위에 서 있을 때 하늘을 가로지르는 빛을 본다면 에너지를 가진 빛을 목격하는 것이다. 이 경우 빛은 위아래를 오르내리는 일반적인 파동의 모습을 띠며 전파된다.

만약 빛과 우리가 어깨를 나란히 하며 같은 방향으로 움직인다면 우리는 서 있고 빛은 파동의 모습을 보이지 않고 거의 직선의 형태(무한정으로 늘어난 파장 때문에)를 띠며 앞으로 나아간다고 볼 수 있다. 따라서 빛의 에너지는 0으로 측정된다.

위의 두 상황에서 보듯이 시간과 속도의 개념을 버리고 오로지 에너지만 생각한다면 두 상황 모두 에너지는 0으로 측정되어 직관에 위배되는 이상한 현상이 발생하지 않는다. 이제 복합적인 운동이 일어나는 경우를 살펴보자.

상황 3. 우주에 시간과 속도 개념이 있는 경우: 움직임 속의 또 다른 총알 운동

속도 v로 달리는 전투기에서 등속도 u'으로 총알이 발사되었다고 하자. 우리가 땅 위에 서서 총알의 속도를 측정한다면 $v+u'$으로 주어진다(갈릴레이의 속도 덧셈 법칙을 사용했을 때).

상황 4. 우주에 시간과 속도 개념이 있는 경우: 움직임 속의 또 다른 빛 운동

속도 v로 달리는 전투기에서 빛이 방출되었다고 하자. 우리가 땅 위에 서서 빛의 속도를 측정한다면 총알과 달리 c로 측정된다.

다만 빛은 파장이 줄어든(주파수가 늘어난) 파동의 모습을 가진다.

왜 상황 4는 상황 3과 같은 결과가 나오지 않을까? 역시 광속의 일정성에 대한 근본적인 이유는 규명했지만 왜 이런 현상 자체가 일어나는지는 아무리 생각해봐도 이해가 안 된다. 그래서 "우주에는 오직 운동하는 에너지만 있다."는 가정하에 상황 3과 4를 다시 살펴보자.

상황 3′. 우주에 에너지만 있는 경우: 움직임 속의 또 다른 총알 운동

움직이는 전투기에서 총알이 발사되었다고 하자. 땅 위에 서 있는 우리의 시각에서 움직이는 전투기에서 발사된 총알은 땅 위에서 발사된 총알보다 움직임이 더 빠르기 때문에 더 큰 에너지를 가진다(움직이는 전투기에 해당하는 에너지 + 움직이는 총알의 에너지).

상황 4′. 우주에 에너지만 있는 경우: 움직임 속의 또 다른 빛 운동

움직이는 전투기에서 빛이 방출되었다고 하자. 우리가 땅 위에 서서 빛을 본다면 움직이는 전투기에서 나온 빛의 파장은 땅 위에서 방사된 빛의 파장보다 줄어든(주파수가 늘어난) 모습으로 보인다. 따라서 움직이는 전투기에서 나온 빛은 땅 위에서 방출된 빛보다 더 큰 에너지를 가진다(빛의 에너지 + 움직이는 전투기에 해당하는 에너지).

위의 두 상황에서 보듯이 시간과 속도의 개념을 폐기하고 오로지 에너지만 생각한다면 모순이나 우리의 직관에 위배되는 상황이 발생하지 않는다. 결론적으로, 오직 운동하는 에너지만 있는 세상에 우리가 시간, 속도 등의 인위적인 개념을 도입함으로써 기이한 현상이 일어나는 것처럼 느끼고 실제가 아닌 환상 속에 산다고 할 수 있다.

이 책을 끝맺으며…

* * *

　　　　　　　　　많은 사람들이 빛에 대하여 관심을 가지고 연구를 하였다. 그런데 직관에 위배되는 이상한 현상이 일어났다. 빛을 내는 광원이 정지해 있든 등속도로 움직이고 있든, 측정하는 사람이 정지해 있든 등속도로 움직이고 있든, 빛의 속도는 변함없이 항상 일정하다는 것이다. 그래서 움직이는 관성계에서 빛이 발사되었을 때 정지해 있는 관측자의 관점에서 그 빛의 궤적을 보통 물체에 의해서 그려지는 궤적처럼 잘못 그려놓고 움직이는 관성계의 시간은 천천히 흐른다는 시간 지연 효과를 도출했다. 하지만 정지해 있는 관측자의 관점에서 그 빛이 보통 때보다 더 먼 거리를 이동하는 것으로 보일 때는 시간 지연 현상이 일어난다고 했다면 더 짧은 거리를 이동하는 것으로 보일 때는 시간 단축 현상이 일어난다고 해야 함에도 불구하고 이를 간과하여 빛의 궤적이 보통 물체의 궤적을 따른다는 가정에 모순이 있다는 것을 발견하지 못하였다.

　결론적으로 어떤 상황에도, 누가 관측하더라도, 빛의 궤적은 더 먼 거리나 더 짧은 거리를 이동한 것으로 보이지 않는다. 그리고 시간 지연 현상은 일어나지 않는다. 만약 시간이 존재한다면 시간은 정지한 장소든 등속도로 움직이는 장소든 지속적으로 균일하게 흘러야 한다. 움직이는 물체의 길이 또한 수축되지 않는다. 움직임 때문에, 빛의 속도가 유한하기 때문에 단지 그렇게 보일 뿐이다.

또한 시간의 흐름은 중력에 영향을 받지 않는다. 시간을 재는 도구인 시계의 바늘이, 마이크로파의 파장이 중력에 영향을 받을 뿐이다. 그렇다. 앞으로 우주여행을 할 기회가 생기면 고민하지 말고 가벼운 마음으로 여행을 떠나도 된다. 우주여행을 하고 돌아와도 지구에 남아 있던 가족은 젊고 예쁘고 활기찬 모습을 그대로 간직하고 있을 것이다.

빛의 속도가 일정한 이유를 그전에는 몰랐다. 하지만 이젠 안다. 광원의 속도든, 관측자의 속도든, 중력이든 모두 빛의 속도에는 영향을 주지 않고 빛의 파장에만 영향을 주기 때문이라는 것을. 광원의 속도, 관측자의 속도, 중력은 직간접으로 빛의 파장을 줄여 주파수를 늘리고 따라서 에너지를 높이고, 빛의 파장을 늘려 주파수를 줄이고 따라서 에너지를 낮춘다. 어떻게 보면 이들은 빛의 속도는 그대로 두고 빛의 운동량을 높이고 낮춘다고 볼 수 있다.

만약 시간이 존재한다면 시간은 절대적이다. 어디에서든 시간은 균일하게 흐른다. 빛의 속도는 일정하다. 그 근본적인 이유도 밝혀졌다. 하지만 문제가 있다. 우주선에서 발사된 빛이나 우리와 함께 같은 방향으로 나란히 달리는 빛의 속도를 측정할 때 우리가 당연하다고 생각하는 결과가 나오지 않는다. 우주 속의 물체나 물질의 움직임이 자연스럽지 않게 느껴진다. 왜 우리의 직관에 위배되는 이런 이상한 현상이 일어날까? 그 이유는 이 세상에 실존하지도 않는 시간과 속도라는 개념을 우리가 사용하기 때문이라고 할 수 있다. 이 우주에 시간과 속도의 개념을 완전히 폐기하고 오직 쉬지 않고 움직이는 에너지만 있다고 가정하면 그런 이상한 현상도 자연스럽게 보이고 깔끔하게 정리되어 사라진다는 것을 알 수 있다.

그러므로 이제 시간에 대한 견해를 밝힌다면

"시간은 이 우주에 존재하지 않는다."

이다. 태어나서 얼마 정도 살았는지 알기 위하여, 약속을 지키고 질서를 유지하기 위하여, 영화관에 헐레벌떡 뛰어 들어가지 않기 위하여, 편의상, 인위적으로 시간이란 개념을 우리가 쓰고 있을 뿐이다.

우주는 크게 세 가지로 구성되어 있다고 학자들은 말한다. 하나는 시간, 하나는 공간, 다른 하나는 에너지이다. 이제 시간은 우주에 실재하지 않는다. 우주에서 사라졌다.

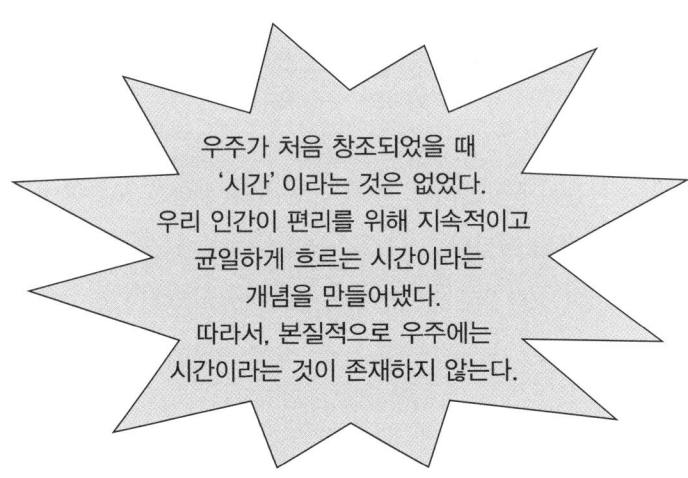

우주가 처음 창조되었을 때
'시간'이라는 것은 없었다.
우리 인간이 편리를 위해 지속적이고
균일하게 흐르는 시간이라는
개념을 만들어냈다.
따라서, 본질적으로 우주에는
시간이라는 것이 존재하지 않는다.

부록

* * *

보통 물체에 대한 두 속도의 합

우선 '속도'의 표시에 대하여 잠시 살펴보자. 속도는 '크기'와 '방향'을 가지고 있다. 그래서 종종 속도를 '힘'을 나타낼 때와 같이 화살표를 이용하여 나타낸다. 예를 들면 기차가 시속 50킬로미터로 오른쪽 방향으로 달리면 이 기차의 움직임을 다음과 같이 나타낼 수 있다.

시작점 ──→ 끝점

경과한 시간이 1시간이면, 기차가 움직인 방향은 오른쪽이고 달린 거리는 50킬로미터라고 할 수 있다.

총알이 시속 100킬로미터로 똑바로 위로 움직이면 화살표의 길이를 기차의 속도 길이보다 두 배로 하여 다음과 같이 나타낼 수 있다.

시속 50킬로미터로 오른쪽 방향으로 달리는 기차 안에서 시속 100킬로미터로 바닥에서 위쪽 천장을 향해 총알을 발사하면 철로 밖에 정지해 있는 관측자의 관점에서 총알의 움직임, 즉 총알의 궤적은 어떻게 그려야 할까? 바로 두 속도의 합에 대응하는 화살표이다. 두 속도의 합은 다음과 같이 대각선 화살표에 해당된다.

이는 다음과 같이 생각할 수 있다. 기차가 움직이는 상태에서 총알을 발사하는 것은 기차가 움직이고 난 직후에 총알을 발사한 것과 같다. 따라서 첫 번째 화살표의 시작점과 두 번째 화살표의 끝점을 이으면 두 속도의 합이 대각선 화살표로 주어진다.

두 속도의 실제 합(또는 이에 대응되는 길이)은 피타고라스 정리를 이용하면 구할 수 있다. 직각삼각형의 두 변의 길이가 3, 4일 때 빗변의 길이는 $\sqrt{3^2+4^2}=5$가 되듯이 서로 직각을 이루는 속도인 시속 50킬로미터와 100킬로미터의 합은 시속 $\sqrt{50^2+100^2}=111.8$킬로미터가 된다(1시간이 경과한 후 대각 선분의 길이는 111.8킬로미터라고 할 수 있다).

만약 시속 50킬로미터로 오른쪽 방향으로 달리는 기차에서 시속 100킬로미터로 천장에서 아래쪽 바닥을 향해 총알을 발사하면 철로 밖에 정지해 있는 관측자의 입장에서 총알의 궤적은 어떻게 그려야 할까? 두 속도의 합에 대응하는 대각선 화살표이다.

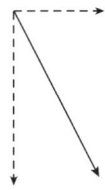

이는 다음과 같이 생각할 수 있다. 기차가 움직이는 상태에서 총알을 발사하는 것은 기차가 오른쪽 방향으로 움직이고 난 직후에 총알을 아래쪽으로 발사한 것과 같다. 따라서 첫 번째 화살의 시작점과 두 번째 화살의 끝점을 이으면 두 속도의 합이 대각선 화살표로 주어진다.

만약 주어진 두 속도가 서로 직각이 아닌 경우, 두 속도의 합은 어떻게 나타내는가? 예를 들면, 시속 50킬로미터로 오른쪽 방향으로 달리는 기차 안에서 다음 그림과 같이 총알을 시속 100킬로미터로 비스듬하게 위로 발사하면 철로 밖에 정지해 있는 관측자의 관점에서 총알의 움직임, 즉 총알의 궤적은 어떻게 그려야 할까?

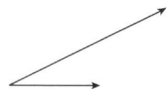

두 속도의 합은 두 속도에 의하여 이루어지는 평형사변형의 대각 선분에 해당된다. 따라서 총알의 궤적은 두 속도의 합에 대응하는 화살표이다.

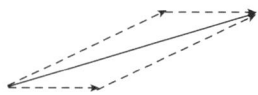

만약 시속 50킬로미터로 오른쪽 방향으로 달리는 기차 안에서 다음 그림과 같이 시속 100킬로미터로 사선형태로 비스듬하게 아래로 총알을 발사하면 철로 밖에 정지해 있는 관측자의 관점에서 총알의 궤적은 어떻게 그려야 할까?

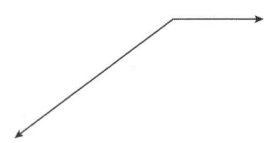

두 속도의 합은 두 속도에 의하여 평행사변형을 이루는 대각 선분에 해당된다.

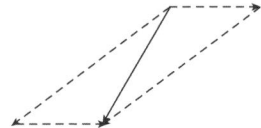

이는 다음과 같이 생각할 수 있다. 기차가 움직이는 상태에서 총알을 발사하는 것은 기차가 오른쪽 방향으로 움직이고 난 직후에 총알을 비스듬하게 아래쪽으로 발사한 것과 같다. 따라서 첫 번째 화살의 시작점과 두 번째 화살의 끝점을 이으면 두 속도의 합이 주어진다.

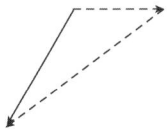

시속 50킬로미터로 오른쪽 방향으로 달리는 기차 안에서 다음과 같이 각도를 더욱 좁혀서 총알을 시속 100킬로미터로 발사하면 철로 밖에 정지해 있는 관측자의 관점에서 총알의 궤적은 어떻게 그려야 할까?

총알의 궤적은 더욱 길어지는데 두 속도의 합에 대응하는 화살

표시이다.

시속 50킬로미터로 오른쪽 방향으로 달리는 기차 안에서 총알을 다음과 같이 반대 방향으로 시속 100킬로미터로 발사하면 철로 밖에 정지해 있는 관측자의 관점에서 총알의 궤적은 어떻게 그려야 할까?

총알의 궤적은 조금 짧아지는데 두 속도의 합에 대응하는 화살표시이다.

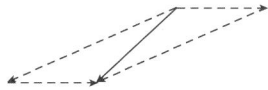

발사되는 총알의 각도를 계속 좁혀서 두 속도의 방향이 같을 때는 두 속도의 합은 두 속도를 단순히 더한 값인 시속 50+100=150킬로미터가 되고 다음과 같이 표시할 수 있다.

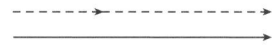

두 속도의 방향이 서로 반대일 때는 두 속도의 합은 한 속도에서 다른 속도를 뺀 값이 된다. 이를테면 기차는 오른쪽으로 달리고 총

알은 반대 방향인 왼쪽으로 발사되면 두 속도의 합은 시속 50 − 100 = 50 + (− 100) = − 50킬로미터가 된다. 마이너스 부호 (−)는 반대 방향(왼쪽)을 의미한다. 따라서 두 속도의 합은 왼쪽 방향으로 시속 50킬로미터라고 말하고 다음과 같이 나타낼 수 있다.

미주

1 실제 값은 이보다 작다. 운동 안에 또 다른 운동이 일어나기 때문에 '보정'이 필요하다. 정확한 값은

$$u = \frac{v+u'}{1+\dfrac{vu'}{c^2}}$$

으로 주어진다. 여기서 c는 빛의 속도이다.

2 보통 물체는 같은 시각에 도착한다. 예를 들면, 시속 100킬로미터로 달리는 기차 안에 앉아 있는 어린아이와 플랫폼 위에 잠시 앉아 쉬는 여행자가 보통 물체인 공을 시속 30킬로미터로 동시에 똑바로 위로 던져 올린다고 하자. 공은 지구의 중력에 전혀 영향을 받지 않는다고 가정하고, 두 공은 각각 일정한 속도인 시속 30킬로미터로 거리 d를 움직인다고 하자. 그러면 정지해 있는 여행자의 관점에서 기차 안의 공은 시속 30킬로미터가 아니라 시속 104.4킬로미터($\sqrt{100^2+30^2}$ 킬로미터)로 더 빠르게 사선 형태로 올라가는 것으로 보인다. 따라서 플랫폼 위의 공과 비스듬하게 사선 형태로 올라가는 공은 같은 높이에 있는 목표점에 같은 순간에 도착한다.

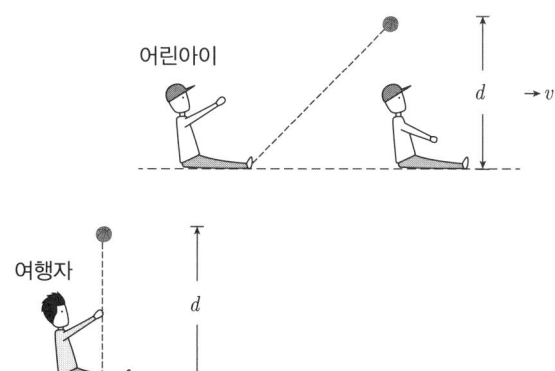

3 피타고라스 정리는 직각삼각형의 세 변의 길이 p, q, r 사이에 $p^2 + q^2 = r^2$인 관계가 성립한다는 것을 말해준다. 빗변 r은 $r = \sqrt{p^2 + q^2}$로 나타낼 수 있다.

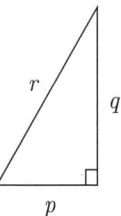

본문의 그림 16에서 t를 플랫폼 위의 관측자의 관점에서 빛이 비스듬하게 광원에서 거울까지 올라갈 때까지 걸린 시간이라고 하자. 빛의 속도는 일정하기 때문에

$$\ell_1 = ct$$

가 성립한다. 이 시간 동안 KTX 열차가 수평으로 이동한 거리는 vt이다. 반면에 열차 안의 빛은 곧 바로 위로 올라가는데 열차 안의 시간으로 1초가 걸린다. 그리고 수직으로 빛이 이동한 거리는 $c \times 1 = c$이다. (c는 빛의 속도에 대한 기호이지만 이 수식의 오른편 c는 빛이 1초 동안 움직인 거리라고 생각하자.) 따라서 다음의 직각삼각형에 피타고라스 정리를 적용하면

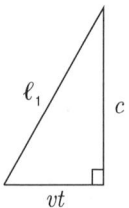

$$\ell_1 = \sqrt{(vt)^2 + c^2}$$

가 된다. 위의 두 식을 등식으로 놓으면(ℓ_1에 ct를 대입하면)

$$ct = \sqrt{(vt)^2 + c^2}$$

가 되고, 이 식의 양변에 제곱을 취하고 정리하면

$$t = \frac{1}{\sqrt{1 - v^2/c^2}}$$

로 주어진다.

열차의 속도가 빛의 속도의 반인 $v = c/2$일 때 $t = 1.15$가 된다. 열차 안에서 1초가 경과하면 플랫폼에서 1.15초가 흐른다는 뜻이다. 즉, 플랫폼에서 1초가 경과하면 열차 안에서 0.87초가 흐른다는 뜻이다. 빛이 거울에 반사되어 광원까지 비스듬하게 내려올 때도 $\ell_1 = \ell_2$이기 때문에 같은 결과가 주어진다.

만약 열차 안의 빛이 곧 바로 위로 올라가는데 열차 안의 시간으로 1초가 걸리는 것이 아니라 t'이라면 수직으로 빛이 이동한 거리는 c가 아니라 ct'이 되고 위의 과정을 그대로 따르면

$$t = \frac{1}{\sqrt{1 - v^2/c^2}} t'$$

을 얻는다.

4 정지해 있는 관성계 S에 대하여 등속도 v로 움직이는 관성계를 S'으로 나타내자. 여기서 t는 관성계 S의 시간, t'은 관성계 S'의 시간을 나타내고, x와 x'은 S의 x-축과 S'의 x'-축의 위치를 각각 나타낸다. S'은 S의 x-축과 평행인 방향으로만 움직이기 때문에 $y = y', z = z'$이다.

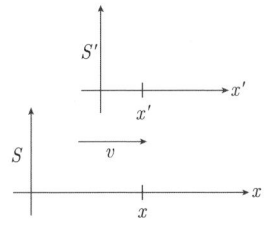

관성계 S와 S' 사이의 갈릴레이 변환은 다음과 같이 주어진다.
$$t = t'$$
$$x = vt + x'$$
보는 바와 같이 두 관성계의 시간은 같으므로 절대적으로 표시되었다. 두 번째 식을 t에 대하여 미분하면
$$u = v + u'$$
을 얻는데 이게 바로 앞에서 말한 '갈릴레이의 속도 덧셈 법칙'이다. 여기서 $u = dx/dt$, $u' = dx'/dt$이다.

많은 사람들은 갈릴레이 변환의 두 번째 식 $x = vt + x'$에서의 x'은 속도 v로 움직이는 관성계 S'의 원점에서 발사되어 등속도 u'으로 움직이는 어떤 물체의 위치라고 해석한다. 그리고 $u = v + u'$에서의 u는 정지해 있는 관성계 S의 관점에서 이 물체의 속도라고 풀이한다.

하지만 움직이는 관성계에서 또 다른 물체의 운동이 일어나는 경우, 갈릴레이의 속도 덧셈 법칙은 정확한 값을 계산해주지 않아 현실에 맞지 않는다. 그래서 어쩌면 갈릴레이 변환에서의 x'은 관성계 S'의 원점에서 발사되어 등속도 u'으로 움직이는 어떤 물체의 위치가 아니라 단지 S'의 원점에서 거리가 x'이 되는 하나의 점의 위치를 나타낸다고 재해석해야 한다. 이 경우 관성계 S의 관점에서 이 점의 위치는 $x = vt + x'$로 주어지고 이를 t에 대하여 미분하여 갈릴레오의 속도 덧셈 법칙이 $u = v + u'$이 된다고 하는 것은 무의미하다. 왜냐하면 관성계 S' 전체가 등속도 v로 움직이기 때문에 점 x'도 같이 v로 움직인다고 보아야 하기 때문이다.

5 $F = ma$, 여기서 F는 힘, m은 질량, a는 가속도이다. 이를 '뉴턴 역학의 운동 방정식'이라고도 한다.

6 정지해 있는 관성계 S에서의 맥스웰 파동방정식은 조금 복잡하지만 다음과 같이 편미분방정식으로 주어진다.

$$\frac{\partial^2 E(x,t)}{\partial x^2} - \frac{1}{c^2}\frac{\partial^2 E(x,t)}{\partial t^2} = 0 \qquad \text{(i)}$$

속도 v로 움직이는 관성계 S'에서의 파동방정식은 다음과 같이 주어져야 하지만

$$\frac{\partial^2 E(x',t')}{\partial x'^2} - \frac{1}{c^2}\frac{\partial^2 E(x',t')}{\partial t'^2} = 0$$

식 (i)에 갈릴레이 변환을 적용하면

$$\left(1 - \frac{v^2}{c^2}\right)\frac{\partial^2 E(x',t')}{\partial x'^2} + \frac{2v}{c^2}\frac{\partial^2 E(x',t')}{\partial x'\partial t'} - \frac{1}{c^2}\frac{\partial^2 E(x',t')}{\partial t'^2} = 0 \qquad \text{(ii)}$$

가 되어 (i)와 (ii)는 같은 모양을 갖지 않는다. 여기서 t는 관성계 S의 시간을 t'은 관성계 S'의 시간을 나타낸다. 참고로 위의 식 (ii)를 더욱더 정리하면 아래와 같이 주어진다.

$$\frac{\partial^2 E(x',t')}{\partial x'^2} - \frac{1}{(c-v)^2}\frac{\partial^2 E(x',t')}{\partial t'^2} = 0 \qquad \text{(iii)}$$

물론 두 식 (i)와 (iii)의 모양은 같지 않다.

7 관성계 S와 이 관성계에 대하여 등속도 v로 움직이는 관성계 S' 사이의 로렌츠 변환은 복잡하게 보이지만 다음과 같이 주어진다.

$$t = \gamma(t' + \frac{vx'}{c^2})$$
$$x = \gamma(x' + vt')$$

여기서 $\gamma = 1/\sqrt{1 - v^2/c^2}$ 이다. 그리고 t는 관성계 S의 시간, t'은 관성계 S'의 시간을 나타내고, x와 x'은 S의 x-축과 S'의 x'-축의 위치를 각각 나타낸다. 1905년 아인슈타인도 특수 상대성 원리와 광속도 불변의 원리를 전제 조건으로 하여 위와 똑같은 식들을 유도하였다. 로렌츠 변환의 특징은 시간과 길이가 절대적이지 않으므로 두 관성계 사이의 시간과 길이는 다르게 주어진다는 것이다. 간단한 예로 v가 0이 아니면 γ는 1보다 크다. 그래서 $x' = 0$이면 (S'의 원점이면) 위의 첫 번째 식은 $t = \gamma t'$가 되어 두 관성계의 시

간이 다르게 흐른다는 것을 알 수 있다. 그리고 $t' = 0$이면 위의 두 번째 식은 $x = \gamma x'$가 되어 두 관성계의 길이도 다르다는 것을 알 수 있다.

8 다음은 시간 지연 효과를 도출하기 위하여 1905년 아인슈타인의 사고실험에서 유도된 방정식이다. 속도 v로 오른쪽 방향으로 움직이는 관성계 안에서 빛이 수평으로 거리 x'을 왕복한다.

$$\frac{1}{2}\left[\tau(0,0,0,t) + \tau\left(0,0,0,t+\frac{x'}{c+v}+\frac{x'}{c-v}\right)\right]$$
$$= \tau\left(x',0,0,t+\frac{x'}{c-v}\right)$$

여기서 중요한 점은 $\frac{x'}{c-v}$ 항과 $\frac{x'}{c+v}$ 항의 의미이다. 전자는 빛이 오른쪽 방향으로 거리 x'을 이동하는 동안 정지해 있는 관측자의 관점에서 걸린 시간이고(본문의 그림 32의 왼쪽) 후자는 빛이 왼쪽 방향으로 거리 x'을 이동하는 동안 정지해 있는 관측자의 관점에서 걸린 시간이다(본문의 그림 32의 오른쪽). 그런데 이 두 값 ($\frac{x'}{c-v}$와 $\frac{x'}{c+v}$)은 서로 다르다. 두 값이 서로 다르다는 것은 단순히 수치적으로만 다르다는 뜻이 아니라 움직이는 관성계 안에서의 시간이 다르게 흐른다는 의미이다. 즉, 한편으로는 시계가 천천히 '똑~딱~'거리고 다른 한편으로는 시계가 빨리 '똑딱'거려 움직이는 관성계 내에서 시간이 균일하게 흐르지 않는다는 뜻이다. 그럼에도 불구하고 의미도 없을 뿐만 아니라 결합도 할 수 없는 두 값을 단순히 더하기도 하며 시간 지연 효과를 도출하였다. 즉, 로렌츠 변환과 똑같은 식

$$t = \gamma(t' + \frac{vx'}{c^2})$$
$$x = \gamma(x' + vt')$$

을 도출하였다.

9 아인슈타인의 사고 실험과 로렌츠 변환의 전개 과정에서 구체적으로

어떤 오류가 있는지 무엇을 인지하지 못했는지 쉽게 풀어서 설명해 보도록 하자. 두 방법 모두 다음과 같은 결과를 도출해낸다.

속도 v로 오른쪽 방향으로 움직이는 관성계 안에서 빛이 오른쪽 방향으로 방출되어 거리 x'을 움직인다. t'은 움직이는 관성계에서의 관점에서 빛이 거리 x'를 이동하는 데 걸린 시간이다. 따라서 $x' = ct'$이고 $t' = \dfrac{x'}{c}$로 주어진다.

정지해 있는 관성계의 관점에서 빛도 보통 물체의 궤적을 따른다는 특수 상대성의 원리를 가정하면 빛이 이동한 거리는 관성계가 이동한 거리(vt)에다 빛이 이동한 거리(x')를 더해 $x = vt + x'$가 된다.

여기서 t는 정지해 있는 관성계의 관점에서 빛이 이 거리 x를 이동할 때 걸린 시간이다. 빛의 속도가 일정하다는 광속도 불변의 원리를 가정하면 $x = ct$이다. 이를 위에 대입하면 $ct = vt + x'$이 되고 $t = \dfrac{x'}{c-v}$로 주어진다. 이제 $t' = x'/c$이고 $t = x'/(c-v)$이기 때문에 당연히 $t > t'$을 만족한다(분모의 값이 작으면 분수의 값은 되레 커지기 때문이다). 이것은 움직이는 관성계에서 빛이 오른쪽 방향으로 거리 x'을 움직일 때 움직이는 관성계의 시간이 정지해 있는 관성계보다 더 **천천히 흐른다**는 것(시간 지연)을 의미한다.

이제 속도 v로 오른쪽 방향으로 움직이는 관성계 안에서 빛이 거울에 반사되어 **왼쪽 방향**으로 거리 x'을 움직인다고 하자. t'은 움직이는 관성계의 관점에서 빛이 거리 x'를 이동하는 데 걸린 시간이다. 따라서 $x' = ct'$이고 $t' = \dfrac{x'}{c}$로 주어진다.

정지해 있는 관성계의 관점에서 빛도 보통 물체의 궤적을 따른다는 특수 상대성의 원리를 가정하면 빛이 이동한 거리는 $x = vt - x'$이다(정지해 있는 관성계의 관점에서 빛의 방향은 반대이기 때문에 마이너스 부호를 붙인다).

$$\begin{array}{c} \overline{\qquad x' \qquad} \\ \overline{\qquad\qquad vt \qquad} \\ \overline{\qquad x \qquad} \end{array}$$

여기서 t는 **정지해 있는 관성계의 관점**에서 빛이 이 거리 x를 이동할 때 걸린 시간이다. 빛의 속도가 일정하다는 광속도 불변의 원리를 가정하면 $x = -ct$이다(빛의 방향이 반대인 왼쪽이기 때문에). 이를 위에 대입하면 $-ct = vt - x'$이 되고 $t = \dfrac{x'}{c+v}$로 주어진다. 이 경우 $t' = x'/c$이고 $t = x'/(c+v)$이기 때문에 당연히 $t < t'$을 만족한다. 이것은 움직이는 관성계에서 빛 왼쪽 방향으로 거리 x'을 움직일 때 움직이는 관성계의 시간이 정지해 있는 관성계의 시간보다 더 **빨리** 흐른다는 것(시간 단축)을 의미한다.

즉, 빛이 보통 물체의 궤적을 따른다는 특수 상대성의 원리를 가정한다면 움직이는 관성계 안에서 빛이 오른쪽 방향으로 거리 x'을 움직일 때는 시간이 천천히 흐르고 빛이 왼쪽 방향으로 똑같은 거리 x'을 움직일 때는 시간이 빨리 흐르는 터무니없는 일이 일어난다. 아인슈타인의 사고 실험과 로렌츠 변환의 전개 과정에서는 이를 인식하지 못했던 것이다.

10 속도 v로 움직이는 관성계에서 이 관성계에 대하여 어떤 물체가 속도 u'으로 발사되면 정지해 있는 관측자의 관점에서 물체의 속도는

다음과 같이 주어진다.

$$u = \frac{v + u'}{1 + \dfrac{vu'}{c^2}} \qquad \text{(iv)}$$

고전적인 갈릴레이 속도 덧셈 법칙을 사용하면 $v + u'$가 되지만 현실은 단순히 두 속도를 더하는 값으로 주어지지 않는다. 그래서 앞에서 다룬 네 가지 상황을 반영해야 한다. 이 네 가지 상황을 반영하면 $v + u'$의 한 단위는 이보다 조금 작은 $1/(1 + vu'/c^2)$로 주어져 $v + u'$에 대응하는 전체 값은 (iv)으로 주어진다. 상세한 내용은 《The Essence of the Universe》를 참조하기 바란다.

위의 속도 덧셈 법칙은 로렌츠 변환에서 얻은 속도 덧셈 법칙과 동일하다. 하지만 로렌츠 변환에서 얻은 속도 덧셈 법칙은 시간이 변한다는 가정하에 유도된 법칙인 반면 위의 속도 덧셈 법칙은 시간은 절대적이라는 가정하에 도출된 법칙이다.

운동 안에 또 다른 운동이 일어나면, 즉 움직이고 있는 상태에서 또 다른 움직임이 일어나면 이 움직임에 대한 두 속도의 합은 위의 속도 덧셈 법칙을 따라야 한다. 위의 속도는 빛의 속도를 초과하지 못한다. 예를 들면, 속도 v로 움직이는 관성계에서 빛을 발사하면 ($u' = c$) 정지해 있는 관성계의 관점에서 빛의 속도는 $u = v + c$가 아니라

$$u = \frac{v + c}{1 + \dfrac{vc}{c^2}} = c$$

로 주어진다. 만약 속도 $v = \dfrac{2}{3}c$로 움직이는 관성계에서 보통 물체를 속도 $u' = \dfrac{2}{3}c$로 발사하면 정지해 있는 관성계의 관점에서 이 물체의 속도는 $u = \dfrac{4}{3}c$가 아니라 (iv)에 의하여 $u = \dfrac{12}{13}c$로 주어진다.

어떤 상황이든, 운동 안에 운동 안에 운동인 어떠한 복합적인 운동

이 일어나더라도, 보통 물체가 빛의 속도 이상을 달리지 못하는 이유는 특수 상대성 이론에서는 물체의 속도가 증가하여 빛의 속도에 다가갈수록 물체의 질량이 증가하여 무한대로 다가가기 때문이라고 한다. 너무 무거워져서 빛의 속도까지 낼 수 없다는 뜻이다. 저자는 물체의 속도를 높이기 위해서는 에너지를 투입해야 하고 이로 인하여 운동에너지가 올라가지만 보통 물체가 빛의 속도 이상을 달리지 못하는 이유는 보통 물체는 빛의 속도에 다가갈수록 빛의 성질을 닮아가기 때문이 아닌가 생각한다. 보통 물체의 속도가 빛의 속도에 근접하면 물체는 마치 빛처럼 파동을 그리며 전파되고 운동에너지는 어마어마하게 높아지고 질량도 거의 0으로 변한다는 것이다(학계에서는 물체가 정지해 있든 움직이든, 중력이 있든 없든 각 물체의 고유 질량은 바뀌지 않는다고 하지만).

11 로렌츠 변환

$$t = \gamma(t' + \frac{vx'}{c^2})$$
$$x = \gamma(x' + vt')$$

에서 속도 덧셈 법칙

$$u = \frac{v + u'}{1 + \frac{vu'}{c^2}}$$

을 유도할 수 있다. 이를 '상대적인' 속도 덧셈 법칙이라 부른다. 하지만 이 법칙은 시간 지연과 길이 수축 현상이 일어난다는 가정하에 유도된 것이기 때문에 (iv)와 모양은 같지만 본질적으로 다르다고 할 수 있다.

12 다음 그림은 관성계 S와 이 S에 대하여 등속도 v로 움직이는 관성계 S'에서 S'에 대하여 속도 u'으로 발사된 물체를 나타낸다.

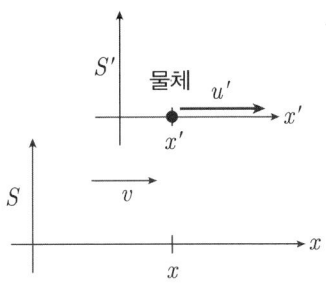

이 물체의 위치를 나타내어주는, 즉 두 관성계 사이의 새로운 변환은 다음과 같이 주어진다.

$$t = t'$$
$$x = \beta(x' + vt)$$

여기서

$$\beta = \frac{1}{1 + \dfrac{vu'}{c^2}}$$

이다. 이 변환은 $t = t'$, $x = ut$, $x' = u't$로 두고 시간은 절대적이라는 가정하에 도출된 법칙 (iv)의 양변에 시간 t를 곱함으로써 간단히 얻을 수 있다. 이 표현은 움직이는 물체의 시간과 길이는 변하지 않고 운동 안에 운동이 일어났을 때 물체의 위치가 어떻게 주어지는지를 알려준다. 만약 S와 S'의 원점이 일치하는 순간 S'에서 발사된 물체가 빛이면($u' = c$), $\beta = 1/(1 + v/c)$, $x' = ct$가 되어 예상했든 대로 $x = ct$가 된다. 만약 S'에서 어떠한 물체도 발사되지 않았다면, 그냥 S'만 S에 대하여 속도 v로 움직인다면, $u' = 0$, $\beta = 1$이 되어 $x = x' + vt$가 된다. x'은 S'의 원점에서 거리가 x'이 되는 하나의 점의 위치를 의미한다.

13 창의 속도는 초속 $\dfrac{20 + 25}{1 + \dfrac{20 \times 25}{30^2}} = 28.9$만 킬로미터가 된다.

14 전기력을 F_E, 자기력을 F_B로 나타낼 때,

$$F_E = \frac{1}{\sqrt{1-v^2/c^2}} F_B$$

가 된다(이에 대한 상세한 유도과정은 Feynman 외 2명의 책 《The Feynman Lectures on Physics》를 참조하기 바람). v가 0이 아니면 전기력과 자기력은 같지 않다. v가 크면 클수록 전기력과 자기력의 차이는 더 커진다.

15 $2v/(1+v^2/c^2)$

16 독자의 관점에서 친구의 속도는 초속

$$\frac{100+100}{1+\frac{100\times 100}{300000^2}} = 199.99998$$

킬로미터이다.

17 전기력을 F_E, 자기력을 F_B로 나타낼 때,

$$F_E = F_B$$

가 된다.

18 물질-에너지 등가 원리는 다음과 같이 주어진다.

$$E = mc^2$$

여기서 E는 에너지, m은 질량, c는 빛의 속도이다. c의 값이 워낙 크기 때문에 조금의 질량도 엄청난 에너지로 바뀔 수 있다는 것을 의미한다. 원자 폭탄 개발도 이 원리에 착안하였다. 그 역도 마찬가지이다. 에너지도 물질로 변환될 수 있다. 그리고 물질-에너지 등가 원리는 시간 지연 효과를 사용하지 않고 광속의 일정성만으로도 유도할 수 있다.

찾아보기

ㄱ

간섭계 · 43
갈릴레이 좌표 변환 · 78
갈릴레이의 상대성 원리 · 33
갈릴레이의 속도 덧셈 법칙 · 23, 27
거리 공식 · 88
관성 · 29
관성계 · 30
관성의 법칙 · 32
광속도 불변의 원리 · 46
광속도 일정성의 원리 · 20
광속의 일정성에 대한 근본적인 이유 · 106
광행차 현상이 일어나는 근본적인 이유 · 173
길이 수축 현상 · 154

ㄴ

뉴턴의 운동 제2법칙 · 80

ㄷ

단순한 운동 · 20
동시성의 상대성 · 54
등가 원리 · 52, 129

ㄹ

로렌츠 변환 · 81

ㅁ

맥스웰의 파동 방정식 · 80
물질-에너지 등가 원리 · 51

ㅂ

별의 '광행차' · 165
보통 물체 · 22
복합적인 운동 · 20
빛 원뿔 · 151
빛의 궤적 · 37, 56, 68, 74
빛의 속도 · 124
빛의 이중성 · 42

ㅅ

사고 실험 · 55
새로운 좌표 변환 · 136
세계선 · 150
세슘원자시계 · 143
속도 덧셈 법칙 · 135
시간 단축 현상 · 71, 77
시간 지연 현상 · 60, 77
시간 지연 효과 · 54
시간의 절대성 · 87

시공간 · 146
쌍둥이 역설 · 140

ㅊ
청색 편이 · 99

ㅇ
아인슈타인의 사고 실험 · 74
에너지 차이의 법칙 · 185
에테르 · 42
일반 상대성 이론 · 51

ㅌ
특수 상대성 원리 · 37
특수 상대성 이론 · 36, 51

ㅎ
횡파 · 99

ㅈ
자기력 · 176
적색 편이 · 101
전기력 · 176
종파 · 99
좌표 변환 · 78

기타
$c+v$ 대 c 문제 · 95
$c-v$ 대 c 문제 · 96

오타 수정

《The Essence of the Universe》(북스힐, 2015)의 오타를 다음과 같이 수정한다.

37쪽

"The term $x'/(c+v)$ represents the elapsed time for the ray of light moving to the right,"의 $x'/(c+v)$을 $x'/(c-v)$으로 수정

"and the term $x'/(c-v)$ represents the elapsed time for the ray of light moving to the left over the distance x',"의 $x'/(c-v)$을 $x'/(c+v)$으로 수정

95쪽

$t_{right} = \dfrac{x'}{c+v}$을 $t_{right} = \dfrac{x'}{c-v}$으로 수정

$t_{left} = \dfrac{x'}{c-v}$을 $t_{left} = \dfrac{x'}{c+v}$으로 수정

$\tau > t_{right}$을 $\tau < t_{right}$로 그리고 $\tau < t_{left}$을 $\tau > t_{left}$로 수정